地方志災異資料叢刊

第二編

22

于春媚 賈貴榮 編

國家圖書館出版社

第二十二册目録

【道光】東陽縣志

（清）黨金衡原本　（清）王恩注重訂

民國三年（1914）石印本

禨祥

五代

廣順三年十一月東陽有大象自南方來陷陂湖而獲之（十國春秋）

宋

紹熙三年旱饑縣丞曾棠以常平倉粟賑之

開禧元年旱 二年五月庚寅大水

嘉定八年旱 十年大旱知縣方猷有請蠲移粟之舉

嘉熙三年大旱以社倉之粟貸之民不知飢

元

至元十三年旱 十五年有年秋黍方華並秀垂穎旱歲益張踰月不雨乃齋戒焚香引咎自責禱雨三日歲大熟

（吳普顏傳）

元統二年旱 三年大旱縣丞楊景安力言於府履畝蠲賦貸種自食不以累民

至正十三年秋無年居民掘橡取蹲鴟以給朝夕候視政之初即羅粟賑之邑之富者藏粟閉糴爲（吳普顏傳）

十六年大旱與齊顏請於行省中書罷鉛山鐵銅三萬石民尚免輸之勞又以蔓青蘆菔可療飢收種給民更出金珠貿粟多以備賑

明

洪武二十年大水

正統二年三年皆大旱

成化十九年冬大雪一夕深五尺　二十二年同

弘治四年大旱　十八年九月十三日子時地震

正德三年大旱　四年六月大霜木葉皆枯　十八年大水

嘉靖三年大旱　十三年大旱　十八年六月六日金華八縣大雨決堤水暴漲四溢　二十九年旱　三十六年大旱　三十七年五月湖城圻泐湧血凝為陀

萬歷七年白虹亘天　十六年旱　十七年旱金華八縣皆饑時知府張公朝瑞以原雜災傷分數查覈外復著荒政轉詳施行其綱有五曰六先八宜四權五禁三戒先後凡數千餘言皆述舊聞切時務四海之大百世之遠可以通行而東邑實賴成效具書當刊諸別集垂示將來云　二十三年春雨雪月餘牛馬凍　二十六年自四月至八月不雨赤地數千里民大饑夏至雷震　三十二年十一月初九日地震　四十一年虹注二都盧氏溝　四十七年六月十三日暮有兩日摩盪分合如吞吐之狀

崇正初歲有年　六年五月十九都趙氏居左有鹿自屋上跳下七月憲臺前火起延燒數千餘間先是有以大鹿懸廟前旗竿者火至是而止亦一異也　七年三月十五日大風雨雹大小二參俱傷永豐鄉十五十七八等都為甚　九年秋大旱是年旱中二稻多熟因蘇松等處累年旱荒泰餉頻增奸民圖利以米販至省下及秋而旱晚稻全無秫亦無可耕民乃大飢掘蕨粉採術

皮竭草木之實不能一飽甚則以土 十年夏淋雨五十餘日又五十都
之膩白者和米食之謂之觀音粉
大風大小二麥全無 十二年十二月大雪二十餘日及春乃晴 十六
年東關外吃叔橋下蝦明如火夜有光上浮嗣有許都之變

國朝

順治元年七月十四風雨交作三日不止次年天黑如夜二十四都拔去
喬木數十本又玉山鄉蛟水驟發街壞夾溪橋民多淹死 二年七月十
五大雨三日漂沒田禾無數 三年自四月不雨至八月下旬乃雨高下
諸田禾及種者十之三種而不獲者十之五 四年八月虹入十九都拔
氏魚盆次年火 七年六月大風雨凡八次水溢階庭 八年大旱奉文
賑饑減賦 八年至十四年二十一都等處虎傷三百餘人 九年五月

妖氛蹶作旋即倒屋雹大如拳　十年自冬至春白虹以後至六十六都大小坑塢皆出蛟其勢殺道路盜流衝毁土田沙塞者不可勝記　十一年十月至十二年五月二十二都虎傷六十餘人　十二年草竊六月赤日中刺空若織下視之似由日出至虚而没蓋日色不明庶既不可見亦有謂聚不散者以前盛之可數十步凡月二十頃稻禾枯乾田中無不毁十二月大雪至次年二月積冰不解道路不行竹木凍死過半時民大飢亂貧民多凍死　十三年二月朔黄霧四塞自巳至未八日不開有年　十四年六月大雨五日水高數丈溪岸湖塍皆没山林樹間有遺架浮漂者夜視之燈火熒然人蹲其中或幸免焉十月廿八十二月二日皆大霧竟日二十四都虎傷五十餘人　十七年七月十四連六七日水壞田禾人家二日不舉火　十八年夏四月不

雨不敷九月竹米衆皆竭民食土木後緡雲湖咏米全民悄安冬有虎傷人

康熙元年虎傷百餘人　二年城南南竿嶺虎白日成群傷數百人陳令龍縣募長向川窯方善出前剿殺其三乃去　十二月十日虹亘天色青紅　三年夏至開雷是年冬又荒饑採蕨花充人口中食木葉十二月十四雨雪夜開雷聲若山崩一十雪後虹見冬麥花三也　四年元旦夜半聞雷五月十四夜大風西[illegible]大風八方排刻乃止十九夏至聞雷七月大雨連日衝壞山[illegible]餘八月五十一都等處水高丈餘漂失皆沒[illegible]大風雷雨壓倒民房折木動數　八年十月十六大雪[illegible]深丈餘二十五日申時復大雪十餘日深二尺餘山中有至六七尺[illegible]之鵝凍死無算　九年春大雪凡月餘雷開雷聲六月

大雨如注三日夜民居墻壁多傾是年久旱玉山鄉尤甚並歲饑十分之二八九年間再見日雨花　十年旱饑比歲多蝗災五月夏至聞雷諺云夏至雷逢天下斷秧苗　十一年七月大風雨雷霆是年玉山鄉虎傷三十餘人各部沿村設檻捕得其七害除　十二年春有雌雄數隻集於城樓及四街屋上占者曰野鳥入室主人當去未幾男女逃避寇撤城空　是年復見日雨花其形如絮五月邑城四郊外從凡二十七處　十三年三月四十六都民家頭某姓兄弟其婦俱孕一產鮎魚魚頭蛇身一產猢猻毛爪俱備驚而置之婦亦隨殞　夏六月寇至其地社兵追斬不分玉石以上見康熙志　八月邑東南隅民居焚燬殆盡　十三年自六月至十二月不雨溪水盡乾至次年正月八日雨雪民得業穀　十四年四月三十八都橫崗積湧血丈餘氣腥人不敢近夏久雨

大小麥皆爛無收　十四十五年連旱邑令胡捐賑　十六年四月小麥

麻菽菜如塵染忽大風雨菽青翠如洗甚者半收　十六年蝗蝻漸起

忽羣鳥啄之頃刻立盡由是大豐六月二日大風拔木瓦皆飄逾時乃已九

月蝗蝻不役諸穀皆熟是年玉山及二十一二十三等都復有虎四出傷

人　十七年三月大雹自永寧鄉十五都起入永壽玉山鄉積壓五六寸

菜苗畢枯遇雨乃蘇　十九年旱　二十年五月二十五夜虎攜子入城

西北隅倡偕而至　二十二年四月李樹生桃　三十九年秋災　五十

八年夏秋之交旱災　六十年秋旱

雍正元年署王紫桐上張太守救荒議開寫略將各邑勘荒請撫陳其畧舒東陽之田計之有坂田居十之四有原田有山田二者

共居十之四有溪田居十之二溪田厚薄不等皆有收坂田三分計之一

分有收二分斷殺若原田山田則皆顆粒無有且難望秋作皆生於本月

初八從行歷坂四十里至瑤湖傷見有若青黑者則苗而不秀者也見有若青白者則秕苗得雨而蘇秀而不實者也見有若枯黃者則虛穗深浮者也若山田原田欲求黃色鮮矣遷詢金義土人莫不歎嗟太息交口道荒由此以論則今歲之荒比之辛丑更甚辛丑之荒木皮草根米食一盡甚者至食白泥幸蒙憲台拜發賑附郭之民皆受其賜鄉民所得止供一粥所恃憲諭殷戶捐賑者受其惠然殷戶有衆則可捐餘於今年殷戶四顆粒無收者多矣彼殷之捐不亦難乎節思泉邑今年之荒飢較分數四方上也螟螣蟊下也至使忍禁不得誅張爲幻丙中打搶之事見於前矣此則在上之人所當熟計者也何則衆困則魚跳躍閭衆聚於非樹一不食則叫再不食則嘩三不食則羣衆而出矣今合數萬倚食爲命之生篋而傾之而不之周衛欲其坐以待死難矣縱周之未必活也然思朔是之念我如見官府之急我如是鄉鄰之濟我如是至於力有所止而死死不饑矣飢者雖不活而生者安矣然此乃老生過計之論古有流民數萬實至尚采蕨菜以救之以憲台來救民之權豈有處縣之民而不能生之者乎苟能活數萬生靈之命上達君恩撫回德化乏粮計史皆不比舉未生之技來寄足當操擇否

十三年六月初旬連日大雨山水驟發田禾被淹房舍多沖壞

乾隆十六年大旱蝗荒饑殍相望處行仁上監蒞海防觀察陳公志綜閱周禮大司徒之職掌建邦土地之圖與

其人民之數以佐王安擾邦國比閭族黨設為互聯之法使之相保相受
今之設立門牌即其遺意也蓋門牌之設每戶開明丁口註定職業家各
者時請各有長又總核其冊籍於官於以稽查戶口之盈虛考察編氓之
良莠內宄消小之蠹悉戢匪類潛蹤睦婣成俗化民良法莫先於此識
欽
則臣伏也所見從者減荒年米價昂貴之時糶穀常平倉穀則令各將門
牌持赴分定十期赴廠買米近地無圖戶積販之弊遠方有窮黎給及之
欽此可
皇仁
普設德澤均沾來邑勻就達十二年從前未給發門牌今年五月充賜以
末戶鮮立流市無亦求者沐宏仁發倉平糶但不用門牌則得米者多係
近城內外之民來隔地方參觀奔赴買米者大都不下數十里而遠以繹
凡小民挨擠合邑之民蛾擁蜂擠於發心不能編給故有鄉民窮日之力
高由避年擠回看反從前平報之時米則於離城二十里處有胡橋設廠
南則於縣城十五里處石塔頭設廠西南則於離城二十五里處杜莊設
廠亦時運米各廠給發西北則居民較近但就城中新安法界二奇設廠
發賣今然之諭亦標明某處某廠某處某廠其實東南省湖橋廠則以
東街坊搖病當之西南二廠則以南街道院與南關外胡公廟二處當之
換廠詢來不過同縣於敞逞且內丁否從及董事人等不肯遠出故僅以
塵名廠之獨不患
朝
廷設立常平本則利弊叢生今但於城中設廠則險而不能遠矣又每日
每人僅許買米一升而民間於此一升之米欲買則疲於奔命不買則告

鄉無所逃伏散片之內婦女不顧[illegible]羞者靡不惜性命則然離散日積萬
人老娘病更學婦幼殘現有倚路頻生者宜從所得不懷所失已乎且夫
民之入於法也勞不得不病加懲治當日食許郎人資來一井逃減全五
并三引以至一并有無知鄉照或以來路之遠而弗資重衆者或以農忙
不暇而託部帶背者此情此理亦似格外可原乃一經發覺覺將所資之
求沒人於官凡跟以扶責枷號此時藉民逃生無路又堪重之以罪於即
於是繼域十里外鄉民咸慌然股慄不敢赴賞維恐近地方民飽欲賑資
而已擬諭
皇上
朕朕發民至臺區恐其懲忠不均若此若使早用門牌令捐保在書壘明
有以無力分別極次易以缺字標明牌上分按陸莊使之輪流選賞役
有此弊寧況分弁入更以來時雨細開火雲轉熟來恭全枯秋穫無望滿
已二奈匠黃今又三禾委地流離焚之焚交迫於道飢民錢尊綱目堪悲
溷者有乃之民係歲而食其無力者則皆食亦究飢所垂什百成禁絕纏
不然救携負挑全矣其名為觀奇粉然性寒賢扶食糠偏生人亦明知其
恐生也而不能不為奇從旦夕之計爭先入災視若碗金其因取之而壓
霧掐賑者所在嘗然菜落邇地有彼壓並甦者不滋三日巴迴十人目紫
其悔凡交來者陳以前串之鑿痛異勸止而冒死撫命臨傲帑顧誠以課
生之策計無從之耳大一土粉耳食之未必得生而取之先以得死比治
拎亡所乘關不慧菜乃親見之也蓄上患洞知民隨屢雖行發被災分欵
沟忠救究有日奈蠢書戶齊閭顧民命救工振婿瑣成災有累縣立采一

宗上

仁

征收不從第二奔走不暇第三上司紛委辦理第四饑民嗷嗷難堪棍凡
[illegible]災二閒每經戶履查視之處撫榮言不甚
[illegible]誠撥分數但祭六分半各寡知求隔帶臨
[illegible]各荒災形且已申報因再嚴查衆飭造冊
[illegible]之災詳報在案尤可異者並筆保不差送
[illegible]邑少饑戶方可得上憑撫心將心從聯總
[illegible]主查照饑民之時照氣聽之多少於詰片
[illegible]花丁口雖多且未闊共淮闊三口之外甚
[illegible]陵珠可餘笑民情悩快怨聲嘆咽誠然激
[illegible]咸新例森嚴實不許多闊口數耶伏遂
[illegible]求連禁款蔬濫費准違有意苛出君之心
[illegible]不等查核園不得不廢然一味硬行和除

[illegible]絲往部郡達未之處賑未接濟狀涤流然
[illegible]而江之外安能姓湖撫之魚又況滴滴易
[illegible]有於成可則今秋收絕無望矣始而貧者
[illegible]司極矣且前此寬貧多在青黃不接之時
[illegible]此部郡查核尚有滋生外之之人而今則
[illegible]詞自春祖夏衣衫典盡一值嚴冬裸袍誰
[illegible]恐由此耕之百萬生民凡紛如景聊生禁

常貢獨得切從事硯田但目擊時艱中懷惻但願闔各縣衆庶于遠之事

文不計遂紳指陳利病私同杞國之憂徒抱范文之志幸遇憲臺大人

遠從前漢念切痌瘝軫閭恩星拯災福主淺陋蒙何殺賞陳時事每

加意大小留心民瘼者或下採方言聞亦不遺未紙情懇飭縣詳例給發

門牌莊分依甲約以五家擇長厚之人立為牌長十家則立甲長通莊則

立保長註長又令各社方鄉約朔望宣講

聖諭使之循分守職互相勸誡以此靖地安民於凶荒告警之時誠不無小補

也至於流移夜懷恤之衣撫卹詳以有從策自與屬鄉定俗過安不

過行乞抱病困苦之情如是固非散

家有所網也生不照懷思待命之至　四十五年城東食某家園中李生

黃瓜　秋七月大水屢漂人溺無數玉山夾溪橋沖塌　五十四年六月城

東吳某稱生子猶牛一角似角端遂斃　五十八年夏大風起飯山折木

千餘章　六十年冬大凍山中鳥獸多斃冬菌蠹復蘇有秋

嘉慶　年五月大雪凝凍數日　七月下的大水　七年七月有虎從南門

入至盛興府外以蝗蝻地而斃　夏大旱　十六年冬旱　二十五年自死

月[illegible]月[illegible]苗焦枯[illegible]山鄉尤甚民多剝樹皮掘觀音土作餅餅食

流[illegible]餓死者無算

[illegible]正月十九雪夜聞雷 六年正月雪夜聞雷夏旱 七年四月

大[illegible]二十一都至二十三都等處樹木麥苗多損折 九年十一都橋

[illegible]一架至德觀者如市 十年三月雷雨驟漲至數尺 十一年三月廿

九日巳中大熱申刻狂風雷雨大寒有雹大凍死山場者數處九月叢荊

黃安[illegible]汜濫[illegible] 十二年大旱 十三年三月十二日午時

大[illegible] 從湖來縣文昌宮縣儀門俱折樑梁門內古柏三折

其一[illegible]樹木[illegible]二月廿五日午刻風雨驟發至夜尤甚溪水漲

溢[illegible]數山鄉房屋有全屋漂流者九月蝗蟲為災 十四年四

月[illegible]大[illegible]至冬季病[illegible]者十之三四[illegible]於道 十五

年[illegible]災 十六年大有年

（清）王廷曾纂修

【康熙】義烏縣志

清康熙三十一年（1692）刻本

義烏縣志卷之十六

見聞志 災祥 古蹟 遺事

春秋所見所聞所傳聞災祥所見之類也古蹟所聞之類也遺事所傳聞之類也歐陽修謂五代所紀文多互異周必大謂南渡以來牴牾者多至於閭巷有細碎之言鹽水有嘌壞之篇似不可遺特如西京雜記容齋隨筆多有僞繆宜亟辨之儻以擬於西園之錄則小史之言詹詹而已

災祥 古志作祥異

舊志載水旱蝗螟風雹雷火日食地震霜雪不時之類旁及細微變異而府志參入寇攘今並從之

漢

文帝二年十一月晦日食婺一度

建始三年十二月朔日食婺九度

元初六年十二月朔日食須女十一度

永和三年十二月朔日食須女十一度

晉

寧康元年正月有星孛於婺女

梁

雲黃山神燈見傅大士化後遠近人絡繹登山於行道塔上燃燈供佛聲唱佛名四面燈見布列塔下或空中出見大如車輪時人謂之天燈

唐

永徽四年大旱

咸亨四年七月大水暴溢

元和元年正月月犯太白於婺女

開成二年二月彗星見於婺女

宋

紹興十七年正月彗星見於婺女

嘉定十六年繡湖清是年邑士擢第者虞復朱元龍龔應之樓大年方應龍五人

咸淳十年繡湖清是年邑士王龍澤魁春榜相傳湖水清出狀元是年果應王禕有辨

景炎元年九月繡湖清時邑人黃鑄妻童氏懷娠二十四月不產一日湖水忽清三日後或聞嬰見聲遂生溍

元

延祐元年繡湖清明年黃溍成進士

至正二十三年九月謝再興據義烏壬午李文忠與之遇擊敗之

明

永樂九年繡湖清是年邑人雋鄉舉者馮大綱劉安陶永成吳大用四人

永樂十八年三月十四日智者鄉雨瑞麥天雨蕎麥徧野人爭拾以歸士大夫賦詩

永樂中陳理中先塋產連理塋前山茶花一本了上復成連理孫秉中兄繪圖貽後

正統間花溪挺瑞竹三竿虞氏園竹三竿一本時有三婦幼年孀居守節八十餘終以類應

正統八年縣廳前戒石亭產瑞椿訾劉同令邑廉謹自持周恤窮困表

章節義嘗立明德新民二坊於縣治東西勵己化俗是年春有椿一株二枝並秀挺出於廳前戒亭十一日蘭谿進士郭仲南見之曰此由賢令仁愛及民感而生此因名爲瑞椿時丞劉傑同心濟美故並秀兩枝云

成化二年邑中大火

二十三年秋旱

弘治四年大旱

八年九月十六日夜有星如月自東南流西北聲如雷

十六年四月十一日大風拔木

十八年九月十二日子時地震

正德三年大旱

四年十一月大霜傷竹木

八年上市火

十一年雨雪二月

十六年正月一日彗星見

正德間縉雲鄉生連理木　四都石板嶺吳文高墓有連理木連理子瀾贈刑部尚書孫教諭瓊封侍郎贈刑部尚書曾孫百朋登丁未進士第官至刑部尚書孫女適東陽趙宋生二子俱登第此爲之兆云

舊志云今尚存

嘉靖五年大旱蝗飛蔽天㲉一擔銀一兩山谷之鄉有洗兒不能得水者

九年霜害稼

十年九月九日夜大火燬民居過半

十一年八月彗星見西北

十五年三月彗星見東南方

十七年二月火燬官民房屋

十八年夏彗星連見 六月大雨浹旬洪水漲溢

秋八月崇德鄉産嘉禾

二十二年蝗復災

二十九年大旱

萬曆四年繡湖清舊志云至今未濁

七年五星聚於婺

十一年旱

十四年旱

十五年旱　夏大無麥禾　七月大風穀實半落於田

十六年夏旱穀貴甚民殣載道

十七年旱

十八年夏大無麥禾　六月二十八日大火燬縣
治及民居甚多
十九年旱
二十三年春雨雪四十餘日山谷中有凍死者牛
馬俱斃
二十四年三月二十八日大風雹壞民田廬舍悉
自十四都十五都十三都十一都以至六都三
都四都五都夏麥秧種埽絕古木盡拔
二十六年大旱粒穀無收民食草木餓殍滿野

二十九年旱

三十二年十一月九日夜地動

三十三年大雨雹

三十六年大旱

三十八年正月縣治火譙樓燬

四十二年彗星見縣西北角

四十三年附郭靈塘鍜紅映水塘爲之赤（是年邑人金世俊入吏部）

四十六年蚩尤旗見縣東北彗星有赤光如火長

竟天　大雨水颶風迴江潮入湖頃刻水高數
丈閱日乃退

天啓四年白麻雀紅足集賓館餘鳥噪集者萬計

六年縣治大水舟行衢中

崇禎元年三月霜殺麥苗荒蕪徧野縣治火燬東廊

三年湖清門火延燒縣治大半

五年縣治火爇西廊

八年猪產兩身一頭八足

九年大旱民食土名觀音粉百姓賴以活者甚衆

十年四月枯禾重蘺結粒米香異嘗是年邑人虞國鎮名入翰林

十三年正月大雪大雨連綿三閱月　六月小旱

秋大稔

十六年牛初生兩頭一身八足越二歲浙閩起而

自角　十二月許都倡亂於南巖邑力人馮生

謀伺閒殺之不就而死

十七年六月中天虹見兩頭開丫丁汝彰破城縣

治自正廳川堂後署寅賓館儀門及典史衙署

外悉被焚燬

國朝

順治三年大旱斗米千錢夏 王師渡江

四年春斗米八百

八年九月西門外胡公廟兩瓜生竝蒂

十四年大水江流逼入城港邑南禾苗淹沒大半

康熙八年天色晦赤雨白毛徧地

九年江以南五月復大水 冬十一月梅李樹各

生花治燬於寇

十年八月六都新廳地方地無故自鳴三日裂丈許見紅水觀聽者數百人尋復合

十三年八月二十日昔縣甫定　王師往東陽九月寇復突入抄掠焚署廨十二月復之知縣于漣僦民居視事

二十年秋大旱井泉枯汲者苦之

二十一年夏霪雨溪流暴漲漂沒廬舍人畜多溺死

二十二年春積雨小麥萎黄盡死李生桃實萊生

黃瓜山中櫨木開榴花三都有山產芝無數居民採之次晨隨出閱數日不復見

二十八年十一月九日熱甚大雷電

【嘉慶】義烏縣志

（清）諸自穀修　（清）程瑜、李錫齡纂

民國十八年（1929）灌聽圖書館石印本

祥異

春秋書異不書祥洪範則休咎並舉凡以稽人事辨吉凶修悖之倪其應如響不可忽也烏蕞爾邑而日蝕星變水火旱蝗昆蟲草木之異無代蔑有至於繡湖清木連理瑞椿芝嘉禾生諸福之祥亦時集焉爰緝往牘纂前聞并續諸近擊者志祥異

漢

文帝二年十二月晦日食婺一度

建始三年十二月朔日食婺九度

元初六年十二月朔日食須女七一度
永和三年十二月朔日食須女十一度

晉

寧康元年正月有星孛於婺女

唐

永徽四年大旱
咸亨四年七月大水暴溢
元和元年正月月犯太白於婺女
開成二年二月彗星見於婺女

宋

紹興十七年正月彗星見於婺女

嘉定十六年繡湖清是年邑士擢第者虞復朱元龍龔應之樓大年方應龍五人

咸淳十年繡湖清是年邑士王龍澤魁省榜相傳湖水清出狀元果應王褘王褘有辯

景炎元年九月繡湖清時邑入黃鑄妻童氏懷姙二十四月不產湖水忽清三日後或聞嬰兒聲遂生滑

元

延祐元年繡湖清明年黃溍成進士

至正二十三年九月謝再興據義烏壬午李文忠與之遇擊敗之

明

永樂九年繡湖清是年邑人為鄉舉者馮大網鈕安向永成吳大用四人

永樂十八年三月十四日瞽者鄉雨瑞麥是天雨蕎麥徧野人爭拾之

士大夫賦詩

永樂中陳理中先塋產連理塋蘭山茶花一本了上復城連理

正統間花溪挺瑞竹三竿虞氏園竹三竿一本時有三婦幼年孀居守節八十餘終

以類應

正統八年縣廳前戒石亭產瑞椿時劉同令邑廉瑾自持表章節義立明德新民二坊於縣治東西勵己化俗是年春有椿一株二枝並秀挺出於戒石亭旁進士郭仲南見之曰此由賢令仁愛及民感而生此因名為瑞椿時丞劉傑同心濟美故並秀而識云

成化二年邑中大火

二十三年秋旱

宏治四年大旱

八年九月十六日夜有星如月自東南流西北聲如雷

十六年四月十一日大風拔木

十八年九月十二日子時地震

正德三年大旱

四年十一月大霜傷竹木

八年上市火

十一年雨雪二月

十六年正月一日彗星見

正德間縉雲鄉生連理木四都石板橋吳文高墓有連理子潮贈刑部尚書孫職樹瓔封侍郎贈刑部尚書曾孫百朋登丁未進士第官至刑部尚書孫女適永陽趙宋生二子俱登第此為之兆云

嘉靖五年大旱蝗飛蔽天山谷之鄉有流兒不能得水者

九年霜害稼

十年九月九日夜大火燬民居過半

十一年八月彗星見西北

十五年三月彗星見東南方

十七年二月火燬官民房屋

十八年夏彗星連見　六月大雨浹旬洪水漲溢

秋八月崇德鄉產嘉禾

二十二年蝗復災

二十九年大旱

萬曆四年繡湖清

七年五星聚於婺

十一年旱

十四年旱

十五年旱　夏大無麥禾　七月大風穀實半落於田

十六年夏旱穀貴甚民殣載道

十七年旱

十八年夏大無麥禾　六月二十八日大火燬縣治及民居甚多

十九年旱

二十三年春雨雪四十餘日山谷中有凍死者牛馬俱斃

二十四年三月二十八日大風雹壞民田廬舍起自十四都十五都十三都十一都以至六都三都四都五都及麥秧連埽絶古木盡拔

二十六年大旱秔穀無收民食草木餓殍滿野

二十九年旱

三十二年十一月九日夜地動

三十三年大雨雹

三十六年大旱

三十八年正月縣治火譙樓燬

四十二年彗星見縣西北角

四十三年附郭蠶塘綴紅映水塘為之赤（是年邑人金世俊入吏部）

四十六年蚩尤旗見縣東北彗星有赤光如火長竟

天　大雨水颶風廻江湖入湖頃刻水高數丈閱日

乃退

天啟四年白麻雀紅足集賓館餘烏喙集者萬計

六年縣治大水舟行衢中

崇禎元年三月霜殺麥苗荒蕪徧野縣治火燬東廊

三年湖清門火延燒縣治大半

五年縣治火爇西廊

八年猪産兩身一頭八足

九年大旱民食土名觀音粉百姓賴以活者甚衆

十年四月枯禾重蘇結粒米香異常是年邑人廣國鎮召入翰林

十三年正月大雪大雨連綿三閱月　六月小旱秋

大稔

十六年牛初生兩頭一身八足越二歲漸闊起而自

角十二月許都倡亂於南嚴邑力人嗎生謀伺間

殺之不就而死

十七年六月中天虹見兩頭間了丁汝彰破城縣治

自正廳川堂後署寅賓館儀門及典史衙署外悉被

焚燬

國朝

順治三年大旱斗米千錢夏

王師渡江

四年春斗米八百

八年九月西門外胡公廟雨瓜生並蒂

十四年大水江流逼入城港邑南禾苗淹沒大半

康熙八年天色晦赤雨白毛徧地

九年江以南五月復大水　冬十一月梅李樹各生花治燩於冠

十年八月六都新廟地方地無故自鳴三日裂文許見紅水觀聽者數百人尋復合

十三年八月三十日時縣甫定

王師往東陽九月退復突入抄掠焚署廨十二月復之知縣于達撤民居視事

二十年秋大旱井泉枯

二十一年夏霪雨溪流暴漲漂沒廬舍人畜多溺死

二十二年春積雨小麥萎黃盡死李生桃實茄生黄瓜山中樹木開榴花三都有山產芝無數居民採之次晨隨出閱數日不復見

二十八年十一月九日熱甚大雷電

五十八年旱自夏徂秋溪澗絕流禾稻豆綿盡枯槁無收

六十年旱

雍正元年旱

乾隆十六年辛未夏大旱榆皮草根採食殆盡

廿七年壬午秋大水城內通船

四十五年庚子秋七月十四日大潦南江水入城沉

蔑禾稼盡淹

四十九年甲辰冬十一月燠桃李花

五十一年丙午夏六月蟲子蝝灾害稼

五十五年庚戌三月糧房火延燒東廊

五十六年辛亥十二月大雨霰盈尺堅凍不可鋤

竹木多死

五十九年甲寅宣平奸民樓德裕等倡立邪教聚義煽惑愚民希圖肆掠爭奪　撫憲吉請

旨梟示並夥犯之從軒決發遣者共數十名

嘉慶元年丙辰春寒甚麥苗萎

四年己未冬十月廿九日初昏西南星隕如織

五年庚申夏六月初有水雀數十萬飛繞湖廿一日大霝雨三晝夜四鄉山水暴發平原水高數丈山崩者十餘處田坍廬漂不可勝計城不沒者數版

六年辛酉七月十五日大雨江水入城船泊街巷

七年壬戌夏四月大雹雨平原水發熱麥盡淹六月

旱禾稿

【民國】義烏縣志採訪録

王鋆、駱蕙春纂

民國初稿本

災異

嘉慶十六年辛未旱

嘉慶十七年壬申旱

道光十二年壬辰旱 按是年六月初八日晴起至八月初三見雨十五方通又閏九月至次年三月共無二十日晴錄日記

道光十六年丙申旱（旁注：五 乙未大）

道光二十四年甲辰水

道光三十年庚戌旱

咸豐二年壬子大旱

咸豐四年甲寅四月雹雨大小麥盡芽十一月某夜地震

咸豐十一年五月廿八夜彗星斗樞犯天市三十日粵匪

臨義邑六月初二匪焚城屋十之三四惟壇廟無恙

廿六夜彗光短小如衆星轟聚之狀錄樓芸皋大令胞弟華皋日記

八月廿六日縣城復陷於賊自是焚燒殺掠遍四境矣又是年春燕盡銜泥構巢於林似蚤知有烽火之警

同治元年壬戌賊酋據邑斗米千錢人民死亡無算

同治二年癸亥正月十七日朱賊退廿五日王師逐賊過境郡邑次第克復邑大疫

光緒五年己卯夏秋旱

光緒二十六年庚子水

宣統元年己酉旱

宣統二年庚戌水

宣統三年辛亥風

民國三年甲寅旱是年三月廿七夜雨雹四月初二日又大雨雹麥苗俱偃祠廟廬舍當者輒壞坊表古木被倒拔者更夥

【康熙】浦江縣志

（清）毛文埜修　（清）張一煒纂

清康熙十二年（1673）刻本

灾祥

瑞芝 洪武四年瑞芝生于海塘洪八家園宋景濂有記其事隆慶二年蔣氏築基得靈芝于上中五色燦然不壞萬曆十六年生于倪氏祖塋嘉靖間蔣氏祠廟初建有芝如扇生梁上又復見縣東山數十本

瑞蓮 萬曆癸卯年學前大泮池生蓮一蒂兩花因以瑞蓮名

瑞竹 萬曆壬申洪氏海塘有砍斷枯竹三年復節間抽笋放稍四五尺山陰張天復記其事又祝氏祖塋孤竹三四節巳上再分兩岐而放稍亦復生于倪氏園萬曆癸卯又生于張元㯼園

甘露 嘉靖二十四年甘露降于學宮之柏狀如桃脂瑩潔若冰　嘉靖庚申又降于東齋之柏樹

春芙蓉 萬曆十九年春末夏初通化鄉芙蓉開者五六處而銮溪巖爲尤盛

秋杏花 萬曆十九年八月杏花開

瑞粟 萬曆丁酉産倪尚忠父塋一穗上二寸許復分五穗

旱 正德三年大旱自五月至十二月不雨　嘉靖五年大旱草根樹皮食盡餓殍載道　嘉靖二十四年旱不爲害穀價八錢一石　萬曆十一年旱不爲害　萬曆十六年大旱穀價八錢一石十七年又旱十八年又旱穀價至一兩　萬曆二十六年大旱五月至九月不雨次年春民皆食草根樹皮至有餐泥者餓殍不可勝言

水 嘉靖十八年大水壞山衝激民居

地震 弘治十八年九月十二子時地震

山裂 嘉靖三十年八月鄉范村前山塌又雨忽山崩將大水汎溢漂没民居人爲溺死　嘉靖三十五

年八都洪塘鐵甲山忽裂長數十丈闊二三尺
深不可測越五六月復合

地動 萬曆二十七年八月酉時地及池水
覆溢如盆水側傾之狀各處皆然

災祥之志所以示警勉不可執 爲孰感而應
也因災而懼即彤日雊雉之雉以恭默典侍祥
而肆即芝房寶鼎之得以窮黷耗故宋景有德
言而禳熒惑之惑子產有令政而弭回祿之災
此以德消變左券也孰云天道遠哉緣是論之
有祥之實雖有災之文不害其爲治有災之實
雖有祥之文不害其爲亂尹茲王者其知水旱
疾疫民物凋耗五風十雨民物阜安爲災祥之
實不爾縱芝草醴泉景
星一雲疊出亦何補也

崇禎十五年地大動
康熙七年各處皆動

山鳴 崇禎十六年春南山鳴三月遠近皆聞夏秋間
嘗鳴是年東陽許都聚衆倡乱人民迯竄賊党

烏吳甿丁十二月十三日破城坐縣本月十八日杭營遊擊蔣若來討平之斬賊五百餘級

火崇禎九年五月十一日燬縣市肆并太極宮　順治十二年八月廿六日燬大街横街屋殆盡

康熙十年九月初七日太極宮燬延及縣前

旱崇禎九年旱有白泥可食人呼為觀音粉

順治三年旱米價五兩一石　十八年旱蠲糧五十餘兩　康熙十年旱巡撫范公廷謨奏免糧四千三百兩　十二年旱豆粟花麥俱無

（清）善廣修　（清）張景青纂

【光緒】浦江縣志

民國五年（1916）黄志璠再增補鉛印本

雜志第一

祥異　拾遺　寺觀　仙釋

志謂之雜大抵事屬奇零言皆細碎不能首尾成帙而又為嗜古者所不忍棄則雜而書之在易雜卦在禮雜記尚己他若西京雜記酉陽雜俎之類難更僕數要其體例不可缺也今縣志諸門既各以類從其餘聞見可憑而片玉一枝難於專述則統以雜志而分著之作雜志

祥異

讀劉向洪範五行傳論其言五事徵應何不爽若此然古之言禨祥者若卿雲抱珥象車銀甕之爲瑞與夫水溢旱乾木氷花實之爲妖且紛紛矣要之以人事爲斷則班志所載尚有可信準此以志一邑據實直書俾斯土者當勉思所由致也志祥異

明太祖洪武四年瑞芝生於海塘洪氏家園宋濂記其事

世宗嘉靖間張氏祠廟初建有芝如扇生梁上又復見縣東山數十本　二十四年甘露降學宮柏樹上狀如桃脂瑩潔如氷　三十九年又降於東齋柏樹上

嘉隆間義門清江丞鄭崇憲初艱於嗣七十至八十連舉三子至萬歷戊申年九十有五精神視聽不少衰舍旁池中產綠毛龜一祖塋鵲巢產仙鶴宗人於祠池取蚌得明珠一可重五分園內生琪竹數節上分兩歧皆壽徵也瑞物并瑞人爲五云

穆宗隆慶二年蔣氏築墓得五色靈芝於土中燦然不壞　六年海塘洪氏有砍斷枯竹三年節間復抽笋放梢山陰張天復記其事萬志作萬歷元年誤又祝氏祖塋孤竹節上復分兩歧倪氏園亦同

神宗萬歷十六年芝生於倪氏祖塋　二十五年倪尚

忠父塋產瑞粟一穗上二寸許復分五穗　三十年

學前大方池中生蓮一蒂兩花因以名亭知邑令須之彥瑞蓮亭記始於辛丑成於壬寅以亭成適與花開會故名舊志作癸卯訛　三十一年瑞竹

生張元愷園與前生倪氏園同　又通化鄉民施仕

玭年百有餘歲至

國朝康熙間施孟縞請

旨建坊施仕玭施孟縞舊志誤載施聚施純鎬今依坊表改正

康熙年間興賢鄉民倪宏進妻趙氏壽一百三歲又嘉

興鄉陳應富之妻許氏亦一百三歲俱經旌表門閭

又邑人朱思準生康熙三十一年壬申至乾隆四

一年丙申九十四歲猶善飲食喜游玩亦人瑞也

乾隆二十二年十一都葛田莊民葛有聖妻徐氏於正月初二日子丑寅三時産三男報縣詳院 題奏奉

旨照例給賞米布 三十九年九月教諭署齋種菊一本幹高大而枝茂繁開花百數十朵花皆壯盛光采照人賞玩者絡繹不絕不數日而中鄉試者三人皆以爲瑞應云上見前志下係新纂 是年二十七都大湫毛氏得白雀羅而養之堂廡群雀咸來哺之

道光年間戴殿泗父塋左有松楓連理戴殿泗松楓連理記畧云峽山慈母府君幽塋之左有松楓連理之瑞焉蓋此山之所宜木者惟松及楓無何而巨松之側生小松一株

巨楓之側生小楓一株二樹之生互爲依倚不相西東無何兩樹各長三尺有餘楓之脈理忽開松則斜偃而過之楓之附者忽抱松樹於其中心無何交抱者合口若天生者然由是日暄雨潤發榮滋長直不知其孰爲松而孰爲楓也夫松誠佳樹楓則象爲丹扆有君人之儀焉尤不可以藝論者　芝生於黃氏祖塋長尺餘黃莖紫蓋　在城縣前傅銀富妻葉氏一產三男邑令呂傳檄賞給銀錢　又在城監生趙友彥年九十七歲精神矍鑠步履如常其妻朱氏壽九十二歲俱瑞徵也

右祥

明孝宗宏治十八年九月十二日子時地震　按康熙府志作十三日子時各縣地震二申錄金華各縣同時地震有聲

武宗正德二年大旱自五月至十二月不雨　三年大旱今增按府志是年金華各縣大旱枯莖盡死今增按府志註各縣竹木皆枯落經春不生莖蘖死民饉尤甚

世宗嘉靖二年及五年大旱草根樹皮俱食盡餓殍載道　十八年大水衝壞民居按府志是年六月六日八縣大雨浹旬金華水暴漲四溢　二十四年旱不爲害穀石八錢　三十年八都范村前山塢久雨山崩大水泛溢沒民居人多溺死　三十五年八都洪塘鐵甲山忽裂長數十丈闊二丈深不可測五六日復合

神宗萬歷十一年旱不爲害　十六年大旱穀石八錢

十七十八邐歲大旱穀石一兩按府志十五年十六年十七年八縣連旱二十民大饑餓殍滿道十九年八月杏花開據康熙縣志增入二十六年大旱二月至九月不雨次年春民皆食草根樹皮至有咽泥者按府志八縣大旱顆粒無收民多餓死二十七年八月酉時地動池水覆溢如盆水傾側之狀三十二年十一月初九日夜地動今增按府志初九夜八縣地動江南俱震四十三年旱今增

懷宗崇禎九年旱有白泥可食人呼爲觀音粉按府志八縣大旱民多食土名觀音粉又是年五月十一日燬縣治市肆幷太極宮十五年地大動見府志十六年春南山鳴三

日遠近皆聞夏秋間亦鳴 按康熙縣志註是年東陽許都聚衆倡亂人民逃竄賊黨義烏奧魁于十二月十三日攻破縣城十八日杭嚴道遊擊蔣若來討平之斬賊五百餘級

國朝順治三年旱米石五兩 按府志金東義永浦武湯七縣大旱次年春斗米八錢

十三年八月十六日燬縣治大街橫街屋殆盡

康熙七年地動 見府志 十年旱 按府志金東永浦武湯六縣五月至九月不雨撫院范承謨奏請蠲租 是年九月初七日太極宮燬延及縣前 十二年旱荳粟蕎麥俱無 十八年又旱 二十二年春苦雨小麥發黃盡死 見府志上本前志纂 甲午乙末間虎爲災 今增朱獨鳴廣虎皮記云先有鳥鳴樹聞晋甚哀似婺婦哭聲不見其形父老曰此虎鷂鳥也啼則虎必噬人時有西鄉袁塢項某爲虎所噬又有賈德忠朱德忠均先後罹害有保安

寺僧歷張總義治齋舉出寺門渡溪歸虎蹲溪側被攫去通化鄉有施姓者負鹽過山下亦葬虎腹其餘被害甚多有方太學信法術走廣信府謁張真人求符籙持鐵符瘞四境設醮邑廟錄虎傷人得千數百人雖未終而虎四出自八月三十夜虎闖入城西趙良美家過其父臥側美冒險負父母出呼衆齊殺之舁虎至胡公廟中解剝之以虎皮爲胡公薦而虎患遂息 五十八年己亥夏秋大旱 六十年旱前志 六十一年壬寅夏旱

雍正十年壬子水災沖坍田地

乾隆五年庚申閏六月大水沖壞田禾沙石壅塞自一都至二十六都 九年甲子旱 十六年辛未春雨連綿二麥歉收米價騰貴夏又大旱自四月至九月不雨一都至二十三都被災尤甚前志 三十八年癸巳五月十六日大水田疇陂堰閘

舍墳墓橋梁多被湮沒衝壞人有淹死者見周瑤大水記

嘉慶三年戊午五月初九日蛟水爲災戴殿泗蛟災瘞墓記云是日申刻九盤山左旋石門竹裡園發蛟數百十處右旋斤竹坑馬家嶺等處及馬劍門山迤西一帶各發蛟數百十處沖毀田廬邱墓無數淹死男女粟草三人死而蘇者二人滿釜山拔起數抱大樠松五株稍次者三株當樠松與水沖激時駭浪飛騰高五丈而贏

五年大水　七年壬戌大疫　十六年辛未大旱　二十年丙子大旱賈應鴻大旱歎云嘉慶七年歲壬戌魃虐道死救無術亦越辛未旱又臻十室逃荒廬九室甲戌乙亥復少收閭里老弱捐溝壑地僻所幸無兵燹草根樹皮食已周意者否極時應泰詎料今年旱最大百歲翁云見未曾赤帝威權毋乃太四月十五暴雨狂四野漂沒田無秧大要長晴從瀉盡入夏九十日驕陽剛六交秋一朝雨萬頸齊延農起舞雩時中止天又晴杯水車薪亦何補二麥大歉田不無蕎乾粟麥菜復枯重陽已過小

春壬仍然無雨民誰蘇 二十五年庚辰七月初九日嵩溪大火延燒三百二十餘家十六日又焚燬六七家 大旱 九月又大水

賈聽鴻旱荒歎曰五月一雨三農意皆日時若豐年奐詎料祝融正當權火傘高張火龍起火龍夭矯盤空中飲光吐燄青天紅炮烙地嫗日慘酷助虐煽以軒軒風雨師焦額抱頭竄雲母血而排衣敞俯憐壬公刮骨熬回看田利遥身爛稻苗柔脆民所天出土尺短僵腴田秋邊得雨或苟活聊收拯縮仍還延三農號泣百無一救穀旱丼無粟與莧蕎麥種子價頓昂仟五伯錢慳一斗忽焉風雨乃大來連宵達旦波竄嵬高阜人家半扉水近港瓦屋餘滿漱傳說浮屍多於鯽背裹蒲包掩骨骼餘皆漂沒杳難尋茫茫何處撩魂魄天胡嗜殺旱復荒一致之由人難揣詳潸然淚下不敢怨起蒸一瓣平安香

道光十三年十二月大雪 十四年大疫民多死亡

五月又大水橋梁多壞 十五年夏秋大旱饑 二十三

年旱北鄉飢民食草根閉有餓死者　二十六年旱　二十九年秋霪雨穀生芽　三十年八月大水

咸豐元年有狼災逢幼童即噬之　二年大旱二麥歉收夏旱連秋　十月地震凡物懸者皆搖動　三年又地震　秋有蟲害稼時稻方成熟忽有蟲如大蚋飛集稻上不計其數頃刻閉稻莖如灰穀實如粉至七月十八日大雨蟲盡死稻較災前所穫者不及十之四五　八年壽峯山崩石壁康熙間此山石壁旋遭兵燹是年山石崩墜閱一歲而粵寇至　十一月初二日塘水忽漲二三尺須臾即平　十一年十二月大雪樟木多凍死雪深三四尺嚴寒異常諺云凍死老樟餓死老娘

同治元年正月又大雪去年十二月雨雪大凍正月復連日雨雪凍更甚冰厚尺餘平

地雪深五六尺人不得行時賊盤踞邑境百姓避匿山谷間以飢寒死者甚衆　二年春夏間飢疫並作死亡枕藉是時兵退疫作十病九死又兼歲旱飢民食草木根皮殆盡餓殍載途斗粟千錢米觔百數十文珠玉服飾賤如糞土有以畝田易米升許者　有獸食人五六成羣晚間遍行村野遇小兒則噬之長喙厲牙狀如犬俗呼狗熊或曰狼也　三年四年亦有之　十年二月十一日大風雨房屋有吹壓死人者　六月旱

光緒四年五月大水　五年一都有婦產子兩面兩腹手足如常　九年七月大水十九至二十連日大雨溪水大漲橋多衝壞

十一年十月十七日城隍廟火是夜寢室棟上忽火起延燒衆救始息

十二年七月霪雨十三至十八連日淫雨狂風田禾盡偃即莖立者垂芽寸許

十五年七月水災二十六日至二十八日午前雨如注東北兩山鄉蛟水大發田禾湮沒道路成溪沙石淤積如山廬舍橋梁邱墓多被衝壞知縣善廣詳請減徵　十六年三月十二夜大風雨雹二麥油菜盡壞　十八年五月二十三日縣治頭門火　秋水災

右災

(清)楊廷望纂修

【康熙】衢州府志

清光緒八年(1882)刻本

衢州府志卷三十

武進楊鏡如先生重修本　知府安陸劉國光重刊

五行考第十

萬物之理不過五行五行之理其變無方漢班固著五行志自五事庶徵以及大小動植莫不推其類而附之於五行其說最爲詳密後之作史者宗焉衢舊有災祥志所載宋元以前事頗畧今採取諸書及郡縣志可考者類爲五行篇

齊武帝永明時太末徐伯珍家梓木一年合抱　南齊書

梁武帝天監二年六月東陽隋志作太末信安豐安三縣水梁書

是年鸑鷟見於瀫水東陽記

十年夏五月豐安縣獲一角元龜梁書

唐玄宗開元三十一年獲魚有銘獻之册府元龜

憲宗元和二年饑韓愈集

十一年五月山水害稼深三丈毀州郭溺死百餘人五行志

吳越武肅王寶正六年有象入信安境王命兵士取之圈而育焉吳越春秋

宋太祖建隆三年夏五月災吳越春秋

太宗淳化三年四月甘露降 五行志

眞宗咸平二年閏二月箣竹生米如稻民饑採之充食 同上

大中祥符八年十月甘露降 同上

徽宗建中靖國元年旱 同上

高宗建炎三年四月大雨雹 胡唐老傳

紹興十四年大水 高宗紀

二十四年大饑 趙鏜府志

孝宗乾道二年七月大水敗城三百餘丈漂民廬孳牧壞

禾稼 五行志

五年饑 孝宗紀

六年西安縣官塘有物鷄首人身高丈餘晝見於野 五行志

淳熙六年夏四月霖雨 五行志 秋大水壞圩田溺人 文獻通考

七年秋七月不雨至於冬十一月 趙鏜府志

八年旱七月不雨至於十二月 五行志

九年大饑穜稑亦絕 同上

十四年旱甚五月不雨至于九月乃雨 同上

寧宗慶元五年秋水漂民廬人多溺死 同上

六年五月大水自庚午至于甲戌漂民廬害稼 同上

開禧元年夏不雨百餘日大旱 同上

二年無麥 同上

三年夏四月大水浸民廬害稼 趙鏜府志

嘉定三年五月大雨水溺死者衆屯田廬市郭首種皆腐 五行志

八年春旱首種不入至於八月乃雨 同上

九年五月大水漂田廬害稼同上

十年饑同上

廷望按趙志作開禧十年今考開禧止有三年當從宋史爲是

十四年旱甚蝨螣爲災五行志

廷望按趙志作開禧十四年今改從宋史

十五年七月久雨暴流與江濤合圮田廬害稼五行志

理宗淳祐十二年六月大水冒城郭漂室廬死者以萬數同上

度宗咸淳二年饑度宗紀

元世祖至元十三年大饑斗米錢五貫民多流移趙鏜府志

成宗大德元年大水同上

泰定帝泰定二年冬十月饑泰定帝紀

四年四月饑　七月八月大雨水同上

文宗至順元年夏六月甲午大水趙鏜府志

順帝至元二年旱五行志

三年常山縣大水同上

六年六月西安龍游大水同上

至正四年七月西安縣大水同上

十一年十月州東北雨米如黍同上

十二年七月西安縣大水同上

十三年大旱趙鏜府志

十八年冬雨黑黍內白如粉草木皆萌芽吐花續文獻通考

明惠宗建文三年六月飛蝗自北來食禾穗竹木葉皆盡浙江通志

廷望 按靖難後革除建文年號改建文元年爲洪武三十二年至萬歷中始復故飛蝗北來通志以爲建文三年府縣志皆云洪武末

成祖永樂十四年秋七月大水壞民田廬 趙鍠府志

英宗正統二年大雨雹龍游縣徐珙墓前產並蒂蓮 縣志

代宗景泰五年大雪自正月至二月凡四十二日 趙鍠府志

憲宗成化初大旱饑 同上

九月大水舟可入市壞民田廬 同上

孝宗弘治元年江山城南徐氏得金魚於烟蘿泉蓄之數年忽騰空乘雲而去蒼鱗赤鬣見若麒麟然 是年江山縣紫芝生 縣志

三年夏五月滛雨溪水驟漲壞民田廬 趙鏜府志

十年江山縣火 縣志

十一年大旱江山縣鹿溪潭盡涸有戊午天大旱五字刻於石 是年常山縣大雨雹 縣志

十二年大水壞民田廬 趙鏜府志

十八年江山縣大水 九月十三日江山常山同日地震

縣志

武宗正德元年常山縣地震大旱縣志

三年龍游江山常山大旱饑縣志

四年三月雨黑子大饑趙鏜府志

六年十月龍游縣火縣志

八年春正月大雪　秋八月朔日有食之既繁星皆見趙鏜府志　是年大旱地震龍游縣志　冬十一月大雨雪牛畜盡死江山縣志

十三年常山縣大風拔木東隅火災縣志

十四年常山縣地震有聲同上

十五年夏六月大水江山縣寶陀巖開化縣三清山同日蜃出樓廡皆漂蕩趙鏜府志

世宗嘉靖三年旱大饑同上

五年大旱蝗飛蔽天浙江通志　龍游縣龔崇堯墓有白鳩來巢縣志

八年夏五月大水壞民田廬秋八月雨雪趙鏜府志

九年夏四月大雨雹秋旱歲大饑趙鏜府志　是年常山縣大火延及學宮縣志

十二年八月常山縣星隕如雨 縣志

十三年旱 同上

十五年淫雨常山縣十九都地陷爲淵 同上

十八年自夏四月至六月雨大水壞田廬溺人畜甚衆

自六月至秋八月大旱竹木皆枯民大饑疫 趙鏜府志

十九年秋八月多蝗 同上

二十一年夏六月蝗 同上

二十二年龍游縣火 縣志

二十三年夏四月至秋七月不雨饑 趙鏜府志

二十四年常山縣饑縣志

三十三年六月常山縣大風拔木同上

三十六年六月常山縣雨雹　龍游縣民家產芝縣志

三十八年夏五月至秋九月不雨民饑常山縣志

三十九年夏五月不雨至秋七月雨趙鏜府志

四十年閏五月大水民饑同上

四十一年夏五月江山開化大水縣志

四十二年夏五月不雨至秋七月雨趙鏜府志　是年軍

門火藥舟泊常山浮橋下薄暮有聲如雷縣志

四十四年春虎數入常山市縣志

四十五年二月龍游縣無雲而雷縣志

穆宗隆慶二年六月龍游縣旱　八月白金鳴於常山庫三日始息　是年虎傷開化民百餘縣志

六年元旦驟雨常山縣市可行舟同上

神宗萬歷元年七月旱龍游縣志　霜降日雷電大作葉秉敬府志

三年夏五月至秋七月不雨民饑同上

四年夏四月龍游縣東華芝靈二山紫芝生秋八月龍丘

祠一蒂二瓜 縣志

五年五月旱 常山縣志 九月十一日雨雪 葉秉敬府志

六年正月開化縣雨黑水著物皆黑 同上 九月十四日大雷 常山縣志

七年螟歲饑 葉秉敬府志

八年螟歲饑 同上 冬至夜常山縣大雷電 縣志

九年夏秋旱冬無雪 常山縣志

十年五月大水壞民田廬七月又大大水禾苗盡淹 葉秉敬府志

十一年大旱常山縣志

十三年六月雨雹大風拔木葉秉敬府志

十五年夏大水秋大風多蝗民饑開化縣志

十六年春淫雨葉秉敬府志　夏龍游江山大旱秋疫民饑縣志

十七年大旱饑江山縣志

二十二年大風拔木夏大水同上

二十三年秋八月江山縣大火先是元旦有遺錢於縣民毛氏門者四面皆火字至是延燒百餘家縣志

二十六年大旱饑葉秉敬府志

二十七年夏旱同上

三十二年江山縣疫　十一月龍游縣地震縣志

三十三年十一月地震有聲葉秉敬府志

三十四年大疫浙江通志

三十五年江山縣蟲食松葉殘盡縣志

三十六年旱葉秉敬府志

三十七年復旱同上

四十年江山縣縣治柏樹開丹花甚盛縣志

四十二年江山縣出青山移同上

四十三年旱葉秉敬府志

四十五年春大雨雪江山縣志

四十七年二月紫芝生江山學宫同上

熹宗天啟元年六月大旱葉秉敬府志　江山縣十九都地陷爲淵縣志

三年春江山縣城東地陷廣丈餘夏四月大水縣志

四年開化縣大水縣志

懷宗崇禎元年六月十三日大風雨雹晝晦常山縣志

二年七月開化縣大火 縣志

七年二月十一日常山縣大雷雨晝晦 縣志

八年大水壞民田廬 西安縣志

九年大旱 龍游縣志

十二年大旱 西安縣志

十三年二月龍游縣火半月乃息 是年西安縣大旱饑 縣志

十五年江山縣步鼇山石崩聲如雷 縣志

國朝順治三年大旱

四年大旱饑

五年七月常山縣大水禾苗皆死

六年大旱

七年正月朔西安縣有黑熊入城是年多火災

八年旱饑

十一年旱

十二年春寒　夏大水　秋大旱

十六年大水

康熙二年大水

四年六月大風雨雹

五年旱

七年七月大風移木毀屋

八月常山縣地震有星隕於西南

十年大旱饑

十一年開化縣地生白毛　天鼓鳴西安尤甚

十二年二月西安泮池中有物騰空東去浪湧如潮平地

水湙三尺

十七年大旱

二十年夏大水秋大旱

二十一年春三月開化縣大風拔木雨雹秋大旱

二十二年正月至四月雨亡麥

二十三年四月有熊噬七人於西安城西北

二十五年西安江山大水田廬漂没民溺死者甚衆

二十八年春大雨雹冬大寒

二十九年大寒草木盡隕

三十三年秋螟螣爲災

三十五年夏旱

三十六年夏秋大旱八月雨雪民饑

三十八年西安江山常山大水

三十九年秋西安江山常山開化旱大饑

四十二年旱

四十三年旱

四十六年旱

四十七年西安縣水

【康熙】西安縣志

（清）陳鵬年修　（清）徐之凱等纂

清康熙三十八年（1699）刻本

西安縣志卷之十二

災祥志

按郡志所載宋元來西安災眚大率水旱居其八九而盜賊次之遥想其時之顛連憔悴猶使人顰蹙不能自已然考之禮經有禦大災捍大患之文則捍而禦之殆亦有其方歟第漢儒于陰陽災異每事必援引洪範五行春秋傳禨之人事以比擬配合爲斷則又失之拘矣西安民貧邑小其風俗政治無足以當天譴者特其地山高水激雨集則

驟漲而漂溢逾時則亢厲而愆陽而深山大澤實生龍蛇亦往往有蛟蜃虎狼之虞興軍蒼頭之變亦其地勢使然也若夫五星之失行日月之淩薄則又非特一隅事矣然要之亦不可以無戒也天災流行何國蔑有古者以六行之典和民人以三十年之通制國用豈必待災眚之至而始瞿然曰恐懼修省也哉作災祥志

宋

宣和辛丑方臘來寇衢城陷民大擾

紹興二十四年大饑

淳熙七年秋七月不雨至于冬十一月

慶元五年大水民居漂流溺死者甚衆

嘉禧三年夏四月大水浸民廬害稼

十年饑多盜

十四年多蟊螣

德祐二年元兵侵至衢民胥罹患

元

至元丙子大饑時斗米錢五貫民多流移

大德元年大水學宮俱壞

至順元年夏六月甲午大水

至正十二年冬紅巾賊至衢民居盡焚

十三年大旱

十七年休寧寇入境

十九年汪同來寇

明

洪武末有飛蝗自北來禾穗竹木葉皆食盡

永樂十四年秋七月大水壞民居田廬尤甚

正統間大雹如雞子鳥巢屋瓦皆碎人亦中傷

成化初大旱饑

九年大水時舟可入市壞民田廬

弘治三年夏五月霪雨溪水驟漲壞民田廬

十一年大旱

十二年大水壞民田廬

正德四年大饑是年雨黑子後姚源寇起居民罹

患蓋其驗也

正德八年春正月大雪頃刻數尺秋八月日有食

之既晝晦如夜繁星皆現雞犬悉驚

嘉靖三年旱大饑

五年大旱

嘉靖八年夏五月大水壞民田廬秋八月十一日

雨雪

嘉靖九年夏四月初五日大雨雹如雞子林木皆

摧折牛馬傷死秋旱歲大饑

十七年秋九月有星彗見西方

十八年自夏四月雨至六月初五日大水壞田

廬漂溺人畜甚衆又夏六月至八月大旱竹木皆枯歲無粒收民疫是歲彗見西方

十九年秋八月多蝗

二十一年夏六月多蝗

二十三年夏四月至秋七月不雨民饑甚

三十九年盗掘西安銅山礦礦在縣北百里婺處二州民羣聚竊掘推官劉起宗逐散之已未春賊復聚搆廬成市其勢甚熾太守楊公準謀逐之請于監司調所屬五邑兵閱于教場七日

先期諭以詞命開其歸路頑梗無忌者屬通判
張鐸出師擾之分道進兵賊懼潰散是年夏五
月不雨六月不雨秋七月雨時苗方欲實自五
月至六月四境嗷嗷老幼拜禱入城市郡守楊
公準感之立壇南郊用董子春秋繁露法以雩
率僚屬徒步詣壇所竭誠拜請旬日雨如注苗
勃然與起就實民遂有年之願
四十年礦賊烏合勢甚猖獗太守楊公準初委
知事祝芹禦之祝父子善射中十數賊死賊[illegible]

兵四起矢志父子俱被害復委知縣俞大有督
兵討俘其首亂者百數十人餘黨解散夏閏五
月十六日大水是日孽龍出開化諸山陰崖迸
裂洶湧破天卒時驟水莫能防禦其患慘不忍
言合郡饑溺視十八年尤甚
四十一年春銅山礦賊復聚因前年俞公俘其
賊賊知恐懼諭之即散
四十二年夏五月不雨六月不雨秋七月雨先
是霪雨新晴雨止遂亢旱視三十九年尤亟田

孺老幼哭入郡邑門告災時郡守鄭公伯典縣尹曹侯存率僚屬竭誠徒步詣各壇拜禱越二日大雨三日苗稿復蘇旱不爲災

四十五年流賊竊發剽掠鄉民老幼逃匿賊至西安銅山中[illegible][illegible]泉劉公親提大兵剿之復遣請設兵巡道都司兵營于本府自後礦寇始息

萬曆元年癸酉霜降日雨雷電大作

三年乙亥五月不雨至七月晚禾無收米價高貴

五年九月十一日雨雪

七年八月蝗食禾是歲饑

十年壬午五月初八日大水壞民田廬七月二十五日大水尤甚禾苗漂盡推官胡以準出賑民賴安

十三年乙酉六月初九日大風雹拔損巨木無數

十六年春雪連宵霪雨數月二麥淹沒民饑流離米價每石一兩八錢西安令王公臨亭設法

賑濟民賴以安五邑皆同
二十六年大旱五月至七月方得雨五邑大饑
西安令林公雲開倉平糶躬自檢發鄉民得穀
市猾無擾明年春復立法于城市四鄉各處煮
糜救活萬民
二十七年大旱郡守張公堯文祼𨻶拜禱越日
大雨
三十三年十一月初九夜戌時地震環鈴有聲
次年民疫

鄭永禧纂

【民國】衢縣志

民國二十六年(1937)鉛印本

五行

漢書有五行志所以紀天災時變年事之豐凶也晉隋以下逮唐宋元明史皆因之判別五行分門記載然偏災流行時所恆有史氏不過擧其大綱鄭氏通志目爲災祥馬氏通考目爲物異合二者而名之曰祥異姚氏之變例也惟姚志泛引天星之說似不專屬衢陳志無之陳志載有兵災事姚亦剏之茲擇其要者入兵事記其於水旱偏災關繫民生之要敍之特詳名以五行仍從古也

（梁書武帝紀）天監二年夏六月東陽信安豐安三縣水潦遣使周履

按是時無東陽縣殆郡歟通志災祥略作太末信安安豐三縣大水說較近是安豐當卽豐安之誤陳志引舊謂卽鄭平所戍之峥嶸嶺恐非豐安卽豐浦實今之浦江縣其初兼有蘭谿地故水潦及之

（東陽記）天監二年鸑鷟見於瀫水

(册府元龜)唐玄宗開元二十一年獲錫魚有銘獻之

按舊志作開元三十一年考唐類函載唐實錄開元二十一年所司奏今年祥瑞二十一事內有魚銘卽謂此也侍中裴光庭奏賀又潛確類書及文苑英華有張九齡賀衢州進銅器狀亦指此而言明一統志元妙觀下以爲道士忘言子得瑞魚在天寶間恐非

(才調集白居易詩)貞元元和間江南旱題（長慶集作輕肥）是歲江南旱衢州人食人

(新唐書五行志)憲宗元和十一年五月衢州山水害稼深三尺毁州郭溺死百餘人

(弘治府志)唐徐知新父墓前產金芝扣之有聲　又徐惠謹家產靈芝十本皆連理

(吳越備史)後唐明宗長興二年辛卯（錢作武肅王寶正六年）秋七月有象入信安境王命兵士取之圈而育焉

（又）宋建隆三年壬戌夏五月東陽信安新定三郡民災王（假）遣使振卹（是時衢尚隸吳越）

（宋史五行志）太宗淳化三年二月衢州甘露降　眞宗咸平二年閏二月（文獻通考作閏三月考本紀是年實是閏三月）衢州箭竹生米如稻時民饑采之充食　大中祥符八年十月衢州甘露降　徽宗建中靖國元年衢信等州旱（通考無等字）

（又胡唐老傳）高宗建炎三年知衢州會大雨雹（楊志引有四月字）

（又高宗紀）紹興十四年嚴信衢建四州水（楊志引作大水）

（又五行志）紹興二十四年衢州饑（楊志引作大饑）

（又同前）孝宗乾道四年七月壬戌（孝宗本紀作辛未文獻通考不繫日）衢州大水敗城三百餘丈漂民廬孳牧壞禾稼

按楊志引此作二年誤考孝宗紀是年衢州大水下有知衢州王悅以盛暑禱雨蔬食減膳憂勤致疾而死事豈當年並遭旱災乎然同在七月中辛未大水而戊寅王悅死僅隔八日決無水旱並至之理或謂祈晴非禱雨也楊志循吏

傳改作祈禱亦以雨字有疑義故

（康熙府志）乾道五年饑姚志亦引之云出宋史孝宗本紀按此疑即上年大水災事本紀原文載振衢婺饒信四州流民事在五年四月辛亥其時未至秋收不必饑在本年也楊志誤以大水爲二年故與此年之饑別爲兩事

（文獻通考）乾道六年衢州西安縣有物怪雞首人身高丈餘晝見於野

（宋史五行志）淳熙六年四月衢州霖雨九月連雨已巳將郊而霽又水下云是年又衢州水文獻通考壞圩田溺人　八年正月甲戌積旱始雨七月不雨至於十一月婺衢嚴等州皆旱楊志七八年同陸志作七年　九年春大亡麥衢婺嚴等州饑　十四年五月旱嚴衢婺處皆旱至於九月乃雨　寧宗慶元五年六月霖雨至於八月衢州水漂民廬多溺死衢守張經以匿災侵振坐黜　六年五月嚴衢婺大水積五日文獻通考自庚午至甲戌漂廬害稼冬燠無雪桃李華蟲不蟄　開禧元年夏浙東西不雨百餘日衢州大旱

(文獻通考)開禧二年衢婺州亡麥

(宋史五行志)嘉定三年五月(通考作四月)嚴衢婺徽州大雨水溺死者衆圮田廬市郭

首種皆腐

按趙鐙府志載開禧三年夏四月大水浸民廬害稼一條似即此事年號偶誤

耳姚志引此作嘉定二年亦誤

(又同前)嘉定三年五月衢州饑頗聚爲剽盜(當與前條參看)　八年浙郡皆旱衢爲甚

九年五月衢州大水漂田廬害稼　十年衢州饑剽盜起　十四年衢旱甚又蟊

賊爲災(此二年蹊脫年號楊志並作開禧)　十五年七月久雨暴流與江濤合圮田廬害稼(以上並見

文獻通考)

(又同前)理宗淳祐十二年六月衢大水冒城郭漂室廬死者以萬數(亦見理宗本紀姚志引作

嘉禧十三年嘉禧當是嘉熙並爲理宗年號然只四年無十三年宜訂正)

(續文獻通考)度宗咸淳二年六月衢州饑(度宗紀無六月)

(弘治府志)元世祖至元十三年[陳志作丙子]大饑斗米錢五貫民多流移

(嘉靖府志)成宗大德元年大水學宮俱壞

(元史泰定帝紀)泰定二年冬十月衢州路饑　四年夏四月衢州諸路屬縣饑　七月衢州大雨水[俱有振]

(嘉靖府志)文宗至順元年夏六月甲午大水

(元史五行志)順帝至元二年衢州旱

按世祖順帝均有至元年號世祖以至元十三年入中國順帝稱至元六年此當爲順帝無疑姚志列之元代之首非是

(續文獻通考)至元六年六月衢州西安龍游二縣大水　至正四年衢州西安縣大水[兩年大水陳志均失載]　十二年七月衢州西安縣大水[是年大水陳姚兩志均失載]　十三年自六月不雨至於秋八月衢州大旱[陳志有姚志無以上並見五行志]

(同前)至正十一年十月天雨黑子於饒州大如黍衢州東北亦如之　十八年冬

衢處等州雨黑黍內白如粉　草木皆萌芽吐花

按元史五行志至元十一年十月衢州東北雨米如黍當即此事年號誤一字姚志失於訂正并十八年而亦誤之　又癸辛雜識載至元丙申三月十八日永嘉天雨黑米粒小而多飯可食陳本齋云即此類也今考至元無丙申當是至正十六年

（浙江通志）明惠帝建文三年（陳作洪武末姚作洪武間）六月有飛蝗自北來食禾穗竹木葉皆盡

按楊志云靖難後革除建文年號改建文元年爲洪武三十二年至萬曆中始復故飛蝗北來通志以爲建文三年舊府縣志均繫洪武末

（明實錄）成祖永樂十一年四月嚴衢西安壽昌等縣饑

（明史五行志）永樂十四年衢州等七府（連金華及福寧饒信）俱溪水暴漲壞城垣房舍溺死人畜甚衆

(嘉靖府志)英宗正統間楊志作二年大雹如雞子鳥巢屋瓦皆碎人亦中傷

(明實錄)正統五年衢州自六月至七月淫雨連縣江河泛溢

(嘉靖府志)景帝景泰五年大雪自正月至二月凡二十四日深六七尺

(又)憲宗成化初大旱饑姚脫 九年楊志作九月姚作十三年大水舟可入市壞民田廬

(又)孝宗弘治三年夏五月淫雨溪水驟漲壞民田廬姚引作漂沒民居 十一年大旱

十二年大水壞民田廬以上並見楊志後二條姚脫

(又)武宗正德四年大饑是年三月二字據楊志補雨黑子後姚源寇起居民罹患蓋其驗

也姚志引作弘治府志殊誤弘治在正德前豈知後事 八年春正月大雪頃刻數尺秋八月日有食之既

晝晦如夜繁星皆現雞犬叢悲姚引上半

(又)世宗嘉靖三年旱大饑姚脫 五年大旱蝗飛蔽天四字據通志增 八年夏五月大水

壞民田廬秋八月十一日雨雪姚脫 九年夏四月初五日大雨雹如雞子林木皆

摧折牛馬傷死秋旱歲大饑 十七年秋九月有彗星見西方 十八年自夏四

月雨至六月初五日大水壞田廬漂溺人畜甚衆又夏六月至秋八月大旱竹木皆枯歲無粒收民疫是歲彗見西方姚志僅載大旱　十九年秋八月多蝗　二十一年夏六月多蝗　二十三年夏四月至秋七月不雨民饑甚此二條姚志無　三十九年姚作二十九年夏五月不雨六月不雨秋七月雨　四十年閏五月十六日大水下有蛟龍出開化諸山語姚志不載此條合郡饑溺　四十二年夏五月不雨六月不雨秋七月雨苗槁復蘇

（明法傳錄）嘉靖四十年六月朔昏中有星墜地如雞子光燭天

（康熙縣志）神宗萬曆元年癸酉霜降日雨雷電大作　三年五月不雨至七月晚禾無收　五年九月十一日雨雪姚志無　七年八月蟲食禾是歲饑　十年五月初八日大水壞民田廬七月二十五日大水尤甚禾苗漂溢　十三年六月初九日大風雹拔損巨木無數姚志引稱弘治府志去悉遠矣　十六年春雪連宵霪雨數月二麥淹沒民飢流離米價每石一兩八錢姚志未及米價　二十六年大旱五月至七月方得雨五邑大饑姚志無　二十七年大旱　三十三年十一月初九夜戌時地震環鈴有

癸亥年民疫　三十六七年旱　四十三年旱災（此二條姚志無）

（滄洲留氏譜）萬曆二十一年留紳年至百歲邑令蔡元相贈百壽嘉賓匾並請建坊

（明法傳錄）泰昌元年六月戊戌夜有白氣如練過牛女歷軫翼良久乃散

（康熙縣志）熹宗天啓元年六月大旱　二年四月雨久麥爛米價湧貴每石一兩二錢

按此與前米價一兩八錢均爲荒年極貴之則可知明代米價之率姚志於此改作斗米八錢不知其何所據而云或以彼時米價而推想之然時會不同就今日觀之雖大熟之年恐無如此之賤也

（又）懷宗崇禎八年大水與城門限平壞田廬無數　十二年大旱無麥禾（三字姚增）十三年大旱民大饑流離皆掘菫土爲食謂之觀音粉（此段姚志無）或採蕨根淘粉雜糠麴（姚作麧）食之

(嘉慶縣志)孝子陳情親歿既葬翔燕舞於墓側五日此錄原引府志今未見
(康熙府志)清順治三年大旱陳志有時方鼎革盜賊蠭起語 四年大旱饑陳姚志均未載 六年大旱
陳志是年三月夜半暴風猝起西門鐵梟吹斷門洞開制府大旗竿折 七年正月朔有黑熊入城陳志躍南門城樓軍士射殺之
是年多火災 八年旱饑 十一年旱此二年陳姚志不載 十二年春寒陳志自上年十二月至正月大
雪一月餘深三尺許寒甚橘樹凍死垂盡 夏大水秋大旱 十六年大水陳姚志均未載 十七年祝什旺年
一百一歲給銀建坊書曰昇平人瑞據姚志增
(又)康熙二年大水 四年六月大風雨雹 五年旱陳姚志均未載 七年七月大風移
木毀屋陳志七月初四日晡後黑氣自西南起中赤外白如火燄狀勢甚猛惡須臾暴風驟雨雲中若有神物盤繞毀城中石牌坊三座拔巨木數十株村
中樓屋有隨風捲挈不知墜落何處者鐘樓亦被挈旋轉至今易向 十年大旱饑陳姚志均未載 十一年天鼓鳴西安
尤甚陳志是年太白晝見後數日天鼓鳴縣西上航埠鐵鑪山三十里間聲響尤甚後李文襲破賊於此姚志引此作十三年疑誤 十二年二
月西安泮池中有物騰空東去浪湧如潮平地水深三尺陳志此池從來不涸是年冬遂無涓水姚志引
此作十四年亦誤 十七年大旱 二十年夏大水秋大旱 二十二年正月至四月雨

亡麥（此三條陳姚均不載） 二十三年三月二十五日西門渡舟覆溺死者七十五人（此條據陳志補）

四月有熊羆七人於西安城西北（陳志載在城西大谷山，姚志陳作二十四年事） 二十五年五月二十四日（據陳志增月日）大水（陳云入城高於城門限二尺）田廬漂沒民溺死者甚衆 二十八年春大雨雹（陳志二月初六夜天色四面藍紅忽雨雹作大如鷄卵氣腥穢不可聞民間屋瓦皆碎枝栖鳥雀悉被擊府學大銀杏樹下雀死者以千百數） 冬大寒（陳志雨雪橘樹凍死如前） 二十九年大寒草木澌隕（陳姚志均不載疑即上年冬事） 三十三年秋螟螣爲災（陳志作七月蝝螣大發晚稻無收） 三十五年夏旱（陳姚志無） 三十六年夏秋大旱八月雨雪民饑（陳志自五月不雨至七月大旱早稻焦枯秋八月又旱晚稻不實） 三十八年大水 三十九年秋旱大饑 四十二三及四十六年皆旱（姚志不載） 四十七年西安縣水（此段數年陳志均闕）

（浙江通志）雍正五年旱田粟米嘉穀一本之中兩穗三穗四穗者遍於各鄉

（嘉慶縣志）乾隆十六年辛未大旱民饑掘土中石可磨粉者名觀音粉食之（時因掘食者衆及穴深土陷有推壓斃者）

陳聖澤觀音粉詩紀事二首其歲全荒勢奚支何來賦粉足充饑彼蒼不念羣生苦后土偏垂阿母慈片片剜來疑似玉家家澄出白於脂總緣救得人饑苦衆口

齊聲誦大悲　鬆透屑袪地軸處肪頗時復蹺厲頻一夫枕錘巳長逝八口彼門倘待俯狐兕啟深悲陌路溝渠日落喚奔烏悲誰遺骸豎門舉邻其郭黎繪作圖

（二陳詩集）乾隆十七年壬申夏菱湖草堂石洞中產靈芝

（嘉慶縣志）乾隆二十一年丙子饑　三十九年甲午二月初六夜大雨雹林木盡拔殺麥民饑　四十五年庚子水　五十三年戊申大水漂民田廬　五十四年己酉雨木冰　五十五年庚戌二月十六日大雨雹如盌小者如拳積二尺許　五十六年辛亥十二月大寒屋瓦冰結皆成花朵三日始消　六十年耆民顏光宗五世同堂建盛世麻徵坊

（又）嘉慶元年耆民顏光祚親見七代五世同堂奉建七葉衍祥坊　五年庚申夏蛟水暴發砂磧間遺骸委積見同仁堂碑記　七年壬戌大旱　是年附貢生徐樹槐親見七代五世同堂奉建七葉衍祥坊　九年甲子五月久雨溪水驟張有江豬大如牛浮水面至定陽疑脫溪字即烏溪滙之下流獲之　十四年己巳四月米貴斗米銀八錢以此推之可見明天啓間每石一兩二錢之價延改斗米八錢之非　十七年壬申秋彗星見光長數丈月餘始沒

冬地生白毛以下今續　二十五年庚申大旱

道光三年癸未五月大水　十四年甲午夏大水饑　十五年乙未夏大旱自四月不雨至於八月歲大饑縣令周玉麒籌振募銀得二萬五千餘金除設廠施粥外餘款購穀生息立碑邑廟前　十八年戊戌夏大旱　十九年己亥夏大水　二十五年乙巳大火災自南市街延燒至十字街燬去五百餘家　二十七年丁未北門火藥局災轟震民居房舍斃七八人　二十八年庚申四月雨雹

咸豐元年辛亥大火災自天寧寺門延燒至縣前燬去七百餘家縣署糧局亦被焚鱗册燬失過半掇拾灰燼餘存者無幾四年飭令各鄉區重造尚未及半　二年壬子五月初旬至六月下旬五十日不雨大旱　五年乙卯四月大風震林屋三日有台勇二千餘人突至衢境陰爲髮軍間諜縣令吳來鴻率兵役四出搜捕盡殺之　六年丙辰秋有虎患　八年戊午夏彗星見西方尾觸東北軋軋有聲經四閲月始滅是秋髮軍至識者謂主兵災　十年庚申三月彗星見次年髮軍又至　十一年辛酉冬十二

月大雪數晝夜不止積五六尺又大凍二旬餘不解有臺灣兵千人駐衢凍斃殆盡

同治元年壬戌夏大水秋大疫冬大寒橘樹凍折宿鳥多斃　二年癸亥大饑斗米千錢餓莩徧野　三年甲子夏五月大水六月旱　五年丙寅四月三營火藥局失火轟斃兵役七十餘人有血肉飛至十里外者　十年辛未五月至六月四十日不雨旱　十一年壬申夏縣西街大火災冬水亭街大火災延燒西門城亭

光緒四年戊寅三月朔晝晦如夜有白光二道閃耀雲中燦若鱗甲首尾畢具蜿蜒作下垂狀衆共見之未幾雹大至五月大水　八年壬午五月初四日大水入城沿河田廬漂沒無算朝京埠德平壩圮重修復之秋八月長星見東方光如匹練兩月餘始滅　十二年丙戌秋七月十三至十五三日大雨傾盆十六日大水入城溺死人畜無數河中有物如牛頭生兩角隨浪湧至波濤陡高數丈當道官長往祀之投以活豕始去東北兩鄉災情較重有經饑需方百里兩紳入城請賑愚民無知鬨入縣堂釀成大獄經方兩紳竟瘐死獄中

聯立平民工廠印

是歲除夕大雷電有光如匹練橫空自西徂東　十五年己丑三月四日晚大雨雹巨者如拳細者如指林木爲摧　十七年辛卯七月有虎至東門農民擊斃之　二十一年乙未二月雨雹九月十四夜北山雨雪　二十四年戊戌饑米價騰貴　二十六年庚子夏六月旱九牧匪起連陷江常二縣警報至衢流言四布謡傳屋瓦上有人影往來又聞空中火藥氣合城擾擾數日而難作　二十八年壬寅冬十二月西門失火延燒城亭　二十九年八月馬葉耆民葉焜年九十三歲親率子孫曾玄五代齊全步行至龍游東門開通駟橋　三十三年丙午欽賜舉人柳晉釗壽百六歲

宣統三年辛亥秋有彗星見於東南方尾長尺許

民國元年夏正五月十七日（因民間習慣暫仍從夏曆記載）大雨西鄉蛟洪暴發山崩數十處

三年夏正五月不雨至於七月歲大旱是冬大凍航埠上下橋樹枯折殆盡西北山中雨黑黍內有白粉可食窮民取以充飢（此如元代故事）　四年夏正五月大水災毀

西門德平塌四郊橋梁多圮　七年夏正元旦之次日地震環鈴有聲越五分鐘始定二月朔又震　八年正月初三日朝京埠渡船覆溺斃三十餘人夏牛大疫甚有全村不留一犢者鄉民或棄諸河食之者多被傳染因嚴令禁之　九年夏饑米價驟貴　十年夏無麥六月不雨至於八月近江常境亢旱尤甚　十一年夏五月南鄉近江山一帶雨雹六月大水南鄉周公源西鄉大俱源尤甚損壞田廬及橋梁無數

【萬曆】龍游縣志

（明）萬廷謙纂修
（明）鍾相業校
（明）曹聞禮訂

明萬曆刻本

附災祥

梁天監二年鸑鷟見于瀔水（東陽記）

宋紹興十四年大水瀔溪大石圓轉

皇明洪武末年蝗自北來

正統二年雹 是年徐珙以左亞都運

弘治三年五月大水

正德四年兩黒子 八年正月地震

嘉靖八年八月十一日雨雪 十八年四月至六月雨大水非常 疫 二十二年城中火 三十四年八月偃王首自殞 四十年閏五月大水

四十五年震

隆慶二年大旱

萬曆元年大旱 三年五月至七月不雨 十六

年大旱　疫　二十六年大旱　三十二年十一月城中地大震

按張衡賦二京言秘書小說九百本自虞初何其富也史遷有云談言微中亦可解紛意豈微哉今觀雜識一卷凡若干目即非羽陵蠹書酉陽逸典而或傳之故老或采之別籍莫非沉研奥義擷發異聞於以醒夙寐警變塞未必無小補者始載之篇夫亦體之不可缺乎至災祥之附總之以非常也異也異則彙于雜也亦宜

【民國】龍游縣志

余紹宋纂

民國十四年（1925）鉛印本

龍游縣志卷一

縣人 余紹宋 撰

通紀

周

魯哀公十三年越伐吳吳王孫彌庸壽於姚自泓上觀之見姑蔑之旗左傳○案此本縣地名姑見於書者首載之

秦

始皇二十六年始置縣名太末案從太末縣是否在二十六年雖無明文然必始置郡縣時事故定爲二十六年○凡置縣及析縣均詳地理考沿革篇茲不更贅其出處

漢

東漢

更始二年龍丘萇卒案年分依本傳推定非必是年也然不可考矣○案先生一縣之望也故於其卒也書之

初平三年析太末地置新安縣

吳

興平間民反太末長賀齊討平之（詳宦績略）

赤烏二年又析太末地置平昌縣

晉

永和中縣界深山有亡命爲亂太末令江逌諭平之（詳宦績略）

梁

天監二年六月大水（康熙志引梁書○案梁書僅書六月丁亥東陽信安豐安三縣水潦不書太末縣茲姑依康熙志載之）

隋

開皇九年太末縣廢

唐

武德四年置太末白石兩縣又置穀州

京城印書局印

八年州縣俱廢

貞觀八年置龍丘縣

如意元年析縣地置盈川縣

證聖二年析縣地置武安縣

神龍元年省武安縣復爲縣地

元和十一年五月山水害稼康熙志災祥○案康熙志註曰唐書會要作十三年今考唐會要十一年五月記水災十三年無記載不知所謂唐書會要是否別有一書又考新唐書是年不載水災舊唐書僅云常湖衢陳許大水未知康熙志此條據何書也

光化二年淮南宣州將康儒敗兩浙將王球於龍丘禽之遂取婺州讀史方輿紀要

後唐

長興二年吳越改稱縣曰龍游讀史方輿紀要

宋

至和元年縣尉劉逵元始創儒學兩舊志

自慶歷詔州縣立學始創文宣王殿至是遂元斥大之龍游之有儒學自此始元徐伯銘文附記

元符元年宗澤爲龍游知縣始興學詳官績錄○此與前條宋符別有考證見建置考縣舍篇

建中靖國元年旱康熙志○案宋代水旱饑饉萬歷壬子志不載康熙志補之註云並宋史今考宋史五行志有不載台舍亦有五行志載明而康熙志反不引者今姑仍其所載錄之不復詳考

宣和三年改縣名爲盈川

正月方臘陷龍游案兩浙志據明文今參考宋史及青溪寇軌高至臨府學碑記補之

殺戮至慘惜其詳不可考也今各姓族多兩浙時避來者詳見氏族考因知當時殺戮之慘

七年知縣邵洪重建儒學兩浙志

靖康二年有寇警見高陽許余惠斌纂志

紹興元年縣名復爲龍游

十四年五月大水兩浙志○案兩浙志不載月分今考宋史五行志十四年五月丙寅婺州水乙丑蘭溪縣水侵城市故知其爲五月也

十六年知縣吳芑始置學田詳官績路○案年分無考今依吳芑履任之年書之

二十四年饑康熙志

乾道四年七月壬戌大水康熙志

八月辛亥賑恤流民康熙志

淳熙六年夏大水康熙志

八年正月甲戌積旱七月不雨至十一月康熙志○案原文似有譌脫姑仍之

九年大饑種稑亦絕康熙志

十四年五月旱康熙志

慶元五年秋大水康熙志

六年五月自庚午至甲戌大水康熙志

開禧元年大旱不雨凡百日康熙志

二年饑康熙志

北京北新華街

八年大旱自正月不雨至於秋八月康熙志

十四年大旱康熙志

嘉定元年大水康熙志

三年五月大水康熙志

是年饑康熙志

九年五月大水宋史五行志

十年蟊螣康熙志

是年大饑康熙志

十五年七月大水康熙志

紹定十二年大水康熙志

端平十二年六月大水宋史五行志

隆熙四年辛未大水康熙志

元

至元十三年有焚刼之禍徐伯彪文廟記云至元丙子南北混一之初不知時者焚蕩城邑是此年有焚刼之禍僑云不知時者其事實今不能詳矣

十四年達魯花赤撒木答兒始建縣署萬曆志

二十年達魯花赤撒木答兒重建儒學增置學田萬曆志

至正四年六月大水康熙志

至正十二年平昌賊孟祥作亂擾龍游吳興元帥蔡邈古歹討平之

孟祥作亂處州以南建寧以東莫能誰何龍游當賊境上受禍先他縣至是守臣請於朝詔調吳興元帥蔡邈古歹討之龍游鎮守武將王俊以縣兵集戲下檄督諸軍進古歹身先之士卒爭效命賊降事遂定於是始立陳村營據元人陳村營平寇記纂記何人譔無考

十三年秋大旱康熙志

至順元年達魯花赤察兒可馬始築席村堰案築堰年分失考今依察兒可馬履任時書之○案此吾縣水利之最大者故

特書之

元明之際

龍鳳五年改縣爲府仍置縣

吳元年龍游府廢縣如故

明

洪武二年知縣翟瑛重建縣署兩舊志

三年免今年租稅明實錄參吾學編

知縣劉庚重建儒學兩舊志○案原文僅書洪武初庚於是年始履任故著於此

四年七月甲子大雨水溢漂民廬明實錄

靈山土匪竊發衢州府知府黃琬及同知余伯深討平之琬與伯深直入其地諭之曰能效順吾必爲汝貰其罪如不悛若等皆魚肉矣衆皆泣拜獲其渠魁事遂定鄭辰淸節祠碑記見文徵○案原文云籍發靈山貨凡若干兩散給各邑學是當時未嘗無兵事也特不詳

耳故仍舊曰討平

十年大水免其田租（明實錄參晉學編）

三十年蝗自北來（兩舊志）

永樂九年六月饑賑之（明實錄）

十一年饑給穀貸之（明實錄）

十四年秋七月大水（康熙志）

二十年饑賑之（明實錄）

宣德三年饑賑之（明實錄）

正統二年雹（兩舊志）

四年大饑（兩舊志災祥均未載而選舉表後附饑民注云歲歉捐賑米穀多者紀其名茲據以爲補）

始置豪嶺赤津小坳上塘梅嶺五寨（讀史方輿紀要○原文僅言正統中今附於此）

備礦寇也

北京北新華街

景泰元年有括寇知縣張惡固守詳官績略○案年月無考茲依張惡履任年月書之

四年饑見正統四年下注

五年春大雪自正月至二月凡四十日康熙志

天順二年饑見正統四年下注

成化元年大旱饑康熙志

二年饑見正統四年下注

八年析縣清陽鄉入湯溪

九年大水康熙志

二十二年饑見沐廉譜祝猷傳

弘治三年夏五月大水雍正志

六年七月知縣袁文紀始建預備倉詳食貨考

七年有土匪竊發見孫采訪呂琇傳其詳莫考

京城印書局印

八年饑亦見呂璜傳

十一年知縣王瓚重修縣志

是爲弘治戊午志吾縣志書可考者始此

是年大旱康熙志

又有土匪竊發亦見呂璜傳

正德三年大旱自五月不雨至於七月康熙志

四年大饑康熙志

五年六月大水康熙志

六年城中火康熙志

八年正月地震舊府志

大旱康熙志

十月免下戶稅明實錄○案原文云免開化常山江山西安龍游遂安六縣下戶稅以地方被賊及旱災故也是年大旱康熙志載之未知衢被賊否今

無考矣

十一月免秋糧明實錄

嘉靖三年大旱康熙志

八年夏五月大水康熙志

八月十一日雨雪萬歷志

九年四月五日大雨雹康熙志

八月旱大饑康熙志

十八年自四月至於八月雨六月五日大水異常萬歷志

閏七月免稅糧有差明實錄

是年疫萬歷志

十九年八月蝗康熙志

二十一年六月蝗康熙志

二十二年冬城中大火兩畿志

縣治儒學及兩司行署以及街市民居悉燬胡森重建縣治記

二十三年四月至七月不雨大饑康熙志

知縣錢仕重建縣署儒學兩畿志

三十九年旱自六月不雨至於八月康熙志

四十年閏五月大水兩畿志

四十二年旱自五月不雨至於秋七月康熙志

隆慶二年六月旱兩畿志

十年停免稅糧有差明實錄

始築城詳城池考

六年知縣余杰始建雞鳴書院詳建置考

萬曆元年七月旱兩畿志

北京北新華街

知縣涂杰始建歸仁保義倉及宮庄保義倉詳食貨考

三年旱自五月至七月凡四十日不雨兩浙志

四年知縣涂杰延縣人余湘童珮重修縣志

是爲萬歷丙子志

十六年大旱疫兩浙志

十七年饑見正統四年下注

二十六年大旱兩浙志

九月以被災五分准免錢糧二分續文獻通考

巡按方元彦巡撫劉元霖奏准也

二十七年饑見正統四年下注

三十二年十一月城中地大震兩浙志

三十六年大旱康熙志

京城印書局印

四十年知縣萬廷謙重修縣志即今所謂萬歷壬子志是也

崇禎九年大旱康熙志

十二年二月城中火每日輒焚數處半月乃息至是城中大宅為之一空康熙志

十五年大水見余尙謙重建文昌閣記原文云山水暴漲南源竹木蔽空而下排淤衝激橋為中毁則成災必矣故著之

弘光元年北鄉土寇竊發知縣黃大鵬勦平之下陳詩有黃大鵬給孝子陳良奇匾額署弘光元年號因知崇禎十七年以後龍游奉弘光正朔也(一)又案余日新有黃鑑若邑侯平寇序見文徵序中無年月惟云兩朝無缺金陵已復鑰胠探惑民忘君迎賊信其謀給又云嘆許郡之計拙設迺闘而效尤知其事在崇禎殁以後故列於此

明清之際

乙酉月日無考有趙明懷潰兵之警知縣黃大鵬訓導張鵬翀往說之得無事詳宦績(一)案康熙志云兵既去大鵬知大事不可為封府庫檢冊籍不取一錢孑身入閩事在福王南京失守後當時不知用何年號故但以甲子記之

北京北新華街

丙戌年（案丙戌即順治三年龍游入清版圖今考定爲是年六月間事是春間尚爲明也惟是時唐王聿鍵王相守金華衢州諸縣究屬誰氏無可考故亦係桑甲子）益陽王據龍游永豐伯張鵬翼攻破之益陽王死

益陽王來龍游自稱監國開王邸設官屬招募兵馬凡素封之家悉令助餉強以冠帶武將告身幾偏奴僕時張鵬翼自紹興赴衢過城下王不納鵬翼攻破之王馬蹶墜坑下爲亂兵所殺王據龍游凡四月城中掘地爲塹城外西南附郭民居悉行折毀龍游元氣傷殘半由於此（康熙志雜識○案如此大事康熙志不爲專紀而列入雜識其詳遂不可考）

清

順治三年六月（案清兵克衢州據明通鑑爲六月間事今從之）龍游始入清版圖（康熙志田賦）

先是知縣黃大鵬知大勢不可爲乃封府庫繕册籍而去縣事由縣丞署之（案此據康熙志無明文然黃大鵬傳內既云大鵬去職張昌期傳云張署丞棄城去則知大鵬去後由縣丞署縣事當時縣丞應爲何琦以康熙志不著其名今亦不著及）

清兵下金華署丞棄城走民皆逃匿郭內爲墟於是知縣張昌期單騎先至收府庫册籍招撫流亡事始定（據康熙志名宦傳○案如此大事康熙志不爲專載僅於名宦傳中略及之遂至月日俱不可考惟徵）

大旱 康熙志

六年大旱 康熙志

十二年山寇竊發 見城南曹氏譜曹仕龍父子傳○案原文僅言山寇所在竊發四境洶洶康熙志未載其詳遂無可考

大旱 康熙志

十三年饑 見正統四年下小注

十八年歲饑 採訪

康熙三年濟丈地畝始造魚鱗册 見徐思曠重沙魚鱗册存案記

五年教諭黃濤倡議重建儒學 見舊志○案清初儒學非濤獨力興復所以書者是次興復濤功最多也

十年大旱自五月至九月不雨溪水盡涸 康熙志

十一年知縣許琯禁革牌夫及馬戶弊政 詳宦績略

十二年夏縣人余恂撰縣志稿成 案康熙志非成於十二年藝文考有考證茲仍入是年者以志爲余恂撰恂自序言輟筆於癸丑之夏其稿既成也

知縣許琯重建縣署康熙志

十三年五月耿精忠攻城盜賊蜂起

時常山江山開化三縣已爲耿精忠所陷衢城垂破精忠以龍游爲通浙省孔道餽餉之所必經乃悉其精鋭持三日糧抄至城下欲絕其輜重以困衢師雖無功引去而遺孽分踞山澤嘯聚漸繁龍游自此多盜無寧日矣據沈遺侯平寇記

七月處州土寇入城劫縣庫

時耿精忠踞溫台處諸郡龍游南源一帶與處屬接壤遂爲盜賊淵藪處州人有爲耿所煽惑者聚衆突入縣城掠帑藏以去知縣許琯拒之重傷告病去自是四野悉遭蹂躪城市炊烟幾絕云據楊廷璣盧公德政碑徐起巖盧公傳纂

知縣盧燦履任

至是始集流亡處置既得其宜人心始漸定詳官績略

賊衆上塘嶺知縣盧燦擊破之月日無考故附於此 詳官績略

十四年三月三日盧燦諭降赤津嶺諸賊詳宦績略

十五年八月十五日盧燦平潘塘諸賊全縣肅清詳宦績略

十六年夏秋之交大疫

傳染村落死者日以百計盧燦有禳疫文見文徵

十八年六月大旱盧燦有禱雨文見文徵

有虎災

東南鄉尤甚盧燦有驅虎文見文徵蓋亂後人稀之故也

十九年知縣盧燦丈量田賦造田畝清單詳宦績略

禁革現年圖差弊政詳宦績略

秋七月有蟲災盧燦有驅蟲文見文徵

二十五年大水余肇星隄詩序有漲水行乾隆四十五年作末四句云吁嗟乎是水多年無過此長老傳言三見耳康熙丙寅歲以後再見乾隆癸己今庚子案丙寅爲二十五年癸己爲乾隆三十八年庚子即乾隆四十五年也

三十二年火魚鱗册遺燬 徐起巖重抄魚鱗記

三十八年大水有旨蠲免被災田畝錢糧 浙江通志

四十二年大水有旨蠲免被災田畝錢糧 浙江通志

五十二年有旨蠲免錢糧 浙江通志○案通志僅載戶部彙報被災等事僅准被災田畝應免錢兩與例相符而未詳因旱災水災抑其他災審今遂無考乾隆許有旨蠲免也

五十三年秋旱有旨蠲免被災田畝錢糧 浙江通志

五十五年大水有旨散賑平糶并蠲免被災田畝錢糧 浙江通志

五十八年七月大旱有旨散賑并蠲免被災田畝錢糧 浙江通志○案麗石詩汪映桓傳謂詔免錢糧十分之三足殺被災之廣蓋康熙十七年所定歉收地方被災九分十分者始免十分之三也見東華錄雍正六年三月初四日諭旨

六十年旱 見麗石詩汪映桓傳

乾隆二年有詔豁免田地荒額

知縣徐起巖之功也 詳宦績

京城印書局印

三年九月知縣徐起巖重編魚鱗冊成詳宦績略

十六年大旱饑大治袁譜甫卷余譜敦本堂余譜圖石汪譜民瑞孫紹譜石院王譜所載傳文多及此事

十八年饑新采訪

二十一年饑見新采訪徐橋事略

三十三年大水見鐵山徐譜徐德傳

三十八年大水見康熙二十五年下小注

四十三年大旱見柘溪何譜何發桂謨瑚爾文

四十五年大水見康熙二十五年下小注

五十三年五月大水見光緒璩譜觀感紀

自廿一日至六月一日水進城凡五次廿九日最大差與城齊尺許見余應星隨詩草戊申仲夏水漲詩注

六月二十二日又大水星隨詩草有詩紀厥詩末句云那得有司勝課稅恤民請奏緩何徵則其成災可知也

是歲饑見大冶黃詩黃霖增纂誌銘

五十四年饑見黃霖增纂誌銘

嘉慶七年旱饑見城南曾譜曾之位傳又五部唐詩唐南省傳

十七年七月二日南鄉大水見光潭樓諸祖遺記

溺死者甚多田廬漂沒無算裴奕瓊綠慈草堂紗有詩述其當時被災情形至慘

十九年旱見五部唐詩唐邢澤傳

二十年大疫見深道堂僕詩

二十一年荒旱見五部唐詩唐南省傳

二十二年饑見石皖王詩王元杰傳花良嘉增纂誌銘

二十四年四月內港大水舊采訪

二十五年荒旱見五部唐詩唐南省傳

道光四年六月大水舊采訪○案成災與否未詳姑錄之

京城印書局印

十年九月大水綠怨草堂詩鈔有詩賦七句云賤田頭劍戟怠有知其已成災也

十三年夏大水

凡漲大水九次吳瀾梅坪詩稿端午即事詩注

蝗見洋逵里橋詩

十四年又蝗

連年災歉米價甚高每斤至糶錢四十文云洋逵里橋詩○案一斤米值四十文當時乃以爲甚貴故著之

十五年大旱自四月初至於九月霽凡一百八十日不雨溪井俱涸人民相率逃荒

楊旭棠華梧俱有述荒詩備極悲慘

十七年大饑見潤塘徐詩

二十一年知縣桑淳熙倡建鳳梧書院詳建置考

二十三年二月十二日城中大火凡燒一日兩夜始息

街市中興築防火墻自此始舊采訪

二十六年大旱有詔蠲緩錢糧

是年歉收田凡一千八百十二頃二十四畝有奇共緩徵地丁銀一萬七千二百七十七兩有奇南米一千三百五十九石有奇見知縣石景芬印結

咸豐三年十月地震丙采訪

四年四月南鄉大水

鑑山附近山崩數處濱溪田廬漂沒殆盡丙采訪

七月南鄉又大水

桐溪嶺根兩源同時山水暴發溺死者甚多水退後樹石所擱死尸經商人唐廷璜等收瘞者猶數百名云丙采訪

五年四月劍城鄉始設保衛局

先是粵匪有竄常山之警復有台勇逃擾龍游城內僅有民間義勇六十七名舖戶義勇二百名不敷防堵知縣黃宗貴急與紳商協議因有是局之設於是城內

京城印书局印

先募壯丁二百名分駐城門盤查防守局中辦事最出力者爲徐玉秀葉志荃余逢余恩鍍徐榮恩五人其鄉間局董有可考者北鄉則王日烜東鄉則姜懋槐湖鎮紳董則童鳳岡方式金王夢熊王淮童際春周體乾徐燮七人至商董則程家昔方正安洪燮和羅錦雲方沛霖鄭聖祺張汝賢並歙縣人吳承紹當塗縣人姜德餘唐昭綺吳承燊並績谿縣人劉濟江歙縣人驛前閔董則金梓楠蘭溪縣人葉熙汪洪並歙縣人程頤績谿縣人駱文斌義烏縣人嚴逢徐煥安則本縣人也餘無考以上據仕辦衛嚴防務兩浙江南鹽運司慶給獎札知縣樂並請給功牌案衢州府知府納批示并採訪冊

初二日保衛局殺台勇

台勇者台州叛卒也初投粵匪匪賓以擾亂金衢且約期爲內應必陷數縣始予收容於是遂有混入縣境者知縣黃宗賁乃出示凡禽獲者格殺勿論城鄉保衛局既成立之翌日即於城鄉詰獲二十人駢戮於學宮前其後獲得嫌疑者隨時送縣懲辦時隣近各縣亦有殺台勇之舉匪始不得逞據保衛局呈案及縣采訪冊

是月南鄉大水有旨蠲免應徵銀米二年徵采訪

六年三月城鄉設團練局

去年保衛局既殺台勇地方稍安遂於六月初九日撤局至是匪警復至故復設團練局於城鄉案上年保衛局是否城鄉盡撤此項團練局有無仍保衛局之舊均無可考其襄辦團練紳商爲杜日豐汪義生林洪興呂永昌汪成泰朱聖豐汪怡生案以上均似商號今尚有存者惟原單稱保紳商姓名姑仍之汪上賢尹瑞麟尹湧泰尹日升金鳴鶴傳問清鄭韶傳鏡洸傳鏡渠賴廷和傳豐山王榮楊六吉葉敦楊叚楊進楊卓然楊志成楊志鴻楊敦安葉鴛翥楊叙胡金題葉麟翥凡三十一人據保衛局公稟及是年三月知縣樂甯呈詳稟錄登

七年冬南鄉設立泊鯉保南局以徐松生爲團首汪錫珊副之錫珊避爲襄辦而實主其事詳人物姜懋槐傳後

八年三月十六日有匪至茶塘背縣丞馮佩珩擊退之

是日佩珩率團勇出巡行至茶塘背在十二都二圖適有股匪自西龍寺上崙岡均在西安龍游

京城印書局印

（分界處與草鞋嶺相近）等處來遂與之遇佩珩迎戰斬匪二十餘匪因退至光潭頭佩珩復招其地與黃璪潤錄培森璪鳴相等集村人助戰追至大船頭匪渡溪復追之匪始散（舊采訪○原冊謂外委徐掄彪亦至黃塘背與賊遇但未及戰事故不敘入）

十九日僞翼王石達開犯草鞋嶺將竄處州汪錫珊拒戰不敵死之（詳人物表忠槐傳後）

二十日杭州援軍至與匪戰敗之於黃泥塘匪遁

汪錫珊既死離匪分兩股一股由靈山溪口上塘竄處州之遂昌一股由寺下官潭頭將攻縣城行至距城十三里之黃泥塘適省城援軍至（統帶何人未詳）與戰本縣外委徐掄彪復率兵夾擊之匪不支退回靈山溪口與前股合竄遂昌官軍追至溪口而回自是官軍駐西門外

六月四日有匪過靈山竄遂昌

沿途諸村落悉遭刦掠人民避匿山中

十日官軍移駐靈山滋擾鄉村

官軍統領朱某並營務處袁某均佚其名率兵六營凡三千人移靈山灘占民房居之按戶勒輸米穀滋擾殊甚人民匿山中者悉不敢返舍蓋畏官軍猶畏匪也

七月十日官軍移駐白石山以有匪攻縣城之警也

八月十日官軍始去

十年春縣人王日烜葉志荃舉辦團練日烜爲廣西郎用知縣志荃爲江西布政使經歷時均在籍故任其事訓練有方巡防周密至九月間匪擾壽昌日烜以與本縣連界復聯合蘭谿民團嚴爲防禦日烜復草擬章程十五條不用從前保衛守望兩局招募鄉勇辦法而按家按舖責出壯丁經費則由紳商捐助並嚴定其賞罰爲裹其事者爲曹文楷有團勇四百五十名局則有二百名董其事者爲鮑元鼎章鍊羅錦雲皆徽州人也附城則設橋東局以爲聲援董其事者爲何逢春吳維棠亦有團勇三百三十八名

十一年四月十六日僞侍王李世賢由西安全旺寶南鄉石郭越日關蓋義懋槐等與匪戰敗殉死之縣城陷知縣龍森敎諭孫仁壽亦死之匪一宿即退

懋槐等死事非城陷始末詳本傳匪雖一宿即退而紳民殉難者甚多載入人物傳後別錄

六月二十六日匪將裨天義名待考復據縣城

七月晦匪出示安民勒索民財

裨天義既據縣城大肆焚掠死者甚多至是始出示安民各鄉村均設卡子脅民進貢完糧案此皆當時名稱故仍其舊戶給門牌勒銀二圓然匪勒索淫殺如故也

九月七日匪大股至全縣糜爛

僞王李尚賢一作李進忠號九千歲率大股匪自江西入浙至衢州分爲兩股一股經龍游東南鄉趨紹興一股經西北鄉趨嚴州衆各百餘萬閱五六日始去竄深山絕谷無處不到焚掠姦殺窮盡慘酷當時匪謂之搜山又謂之打先鋒於是縣民

十喪其八九矣

是月下旬李元度兵至旋調去

李元度統兵數千列營於城西數里日夜攻城兩月不下尋以省城圍急收軍赴援自是匪益無忌憚往來不止

同治元年二月匪擾西北兩鄉

此江西敗匪竄來者尺布粒米搜括無遺西北兩鄉百餘里至無人烟云

自四月至於八月大疫

日死數百人十家九絕（以上均據羅采訪册夏書李愿莊周錄所識尋匪紀略纂）

七月浙江巡撫左宗棠率諸軍至

吾縣城小而堅東南北三面依水惟西平曠彌望去年李元度軍壁城外匪開濠五道密排梅花樁每濠內置犬繫鈴以防官軍潛越犬嗥鈴動城上即施放鎗炮乘高擊下多傷士卒自秋至冬盡銳攻之弗能克迨官軍入浙頻捷匪倚龍游爲

南岸門戶守愈固左宗棠調回援剿遂安各營旣規進取是時僞侍王李世賢敗竄後復糾合金華巨股並調温處各路賊匪分踞南岸湖鎭羅埠北岸衢溪所屬之永昌鎭太平衕家諸葛村孟塘油埠裘家坂等處意在伺官軍深入即乘虛襲其後路左宗棠調知之遂檄署衢州鎭總兵劉培元一軍駐城西十里之龜塘山以副將睦金城等四營助之又調江西會剿道員屈蟠王德榜兩軍屯扼全旺爲培元後路聲援總兵崔大光率四營屯於縣城隔河北岸之茶圩宗棠則自率親兵各營進駐距城十里之潭石望以策應兩路別遣按察使劉典率馬步十營軍於高橋截剿援匪

十六日官軍楊鼎勛朱明亮與李世賢戰於東門橋勝之

是日軍次東門橋適遇李世賢率千餘匪來偵楊鼎勛朱明亮即率所部攔橋猛擊殺傷相當匪見官軍後隊蹱至始遁去

八月十五日匪首邊天義陳廷香勸天義李國琛等撲犯龜塘山營壘官軍擊退之

十九日復來攻又擊退之

先是東門橋之役生擒數匪訊之言李世賢之黨駮天義鄧積仕綬天義李某撫天義楊某衆共數萬屯踞油埠高園等處左宗棠以不破賊壘不足奪李世賢之氣而孤龍游之援越日即分路進攻油埠賊壘大破之陣斬鄧積仕等匪目數十斃匪千餘匪復退踞太平祝家孟塘裘家塥等處結壘自固官軍自二十一日起復分路進攻李世賢堅匿不出相持二十餘日（案進攻油埠諸壘戰事雖均爲進攻龍游張本但以非在本縣地方接戰故不復詳述而敘其路於此）至是世賢以官軍方力攻北路意南路之備必虛故嗾縣城踞匪陳廷香李國琴等迭次率衆撲犯城西龜塘山劉培元睦金城等營壘也

二十九日城匪復攻龜塘山劉培元等擊退之

城匪萬餘出城復撲攻龜塘山營壘培元等出隊迎敵總兵崔大光潛由北岸渡河衝擊匪陣之背匪駭奔培元率各營乘勢壓擊追至城邊燬一匪卡睦金城豎楊和貴張人和王樹棠等大隊齊至匪繞城而走官軍由西門追至南門斃匪二

百餘城上矢石雨下官軍仰攻逾時收隊回營
三十日李世賢遣其將李尙揚等分三路撲攻龜塘山劉培元等又大敗之
僞忠裨上將李尙揚僂天義胡明順昆天義張某等奉李世賢之命由永昌湖鎮
率驍匪五六萬分三路來攻劉培元營業城中踞匪亦於西北門列隊相向上下
重疊排擁十餘里勢張甚培元乃令各營鎮靜毋動一面飛報左宗棠宗棠立派
親兵隊並劉榮合賴錫光精捷兩營馬德順馬隊一營馳援又令劉璈率所部伏
於河畔林內令崔大光嚴扼下游防匪偷渡指揮甫定中路之匪挑其騎匪數十
步匪數千正撲至培元營外濠邊劉榮合賴錫光率所部從左路繞出中路大呼
殺入匪陣錫光腿中砲傷裹創力戰匪漸靡培元遂飭各營空壁出楊昌濬等率
親兵繼至從山坡壓下將士無不踴躍爭先以一當百中路之匪遂由左路敗走
楊和貴張人和率所部邀擊之馬德順率馬隊從兩翼抄擊匪大敗狂奔拋棄旗
幟器械無算右路之匪見中路匪敗仍蜂擁而來適江西巡撫所派會勦之屈蟠

王德榜兩軍從右路（案平浙紀畧作左路此依左文襄公奏稿）馳至會合中路諸軍併力急戰兩時許斃龍旗匪目十餘匪復潰走於是官軍三路追勦縱橫馳擊勢如拉朽其伏於西門之匪爲睦金城王樹棠擊退北門河邊之匪爲劉璈崔大光擊退亦斬殺百餘名是役也陣斬胡明順及泗天福丘某僞檢點黃某僞指揮吳某僞統制李某等匪目數十斃匪千數百名生禽百餘奪獲龍旗鎗礮器械千餘件云

閏八月二十七日崔大光等破五星街匪壘其夜湖鎮匪遁

先是匪既不得逞於南路復糾合萬餘人竄踞壽昌縣城別分悍黨由壽昌出縣南上方嶺適新授布政使蔣益澧抵衢州乃分遣副將熊建益率三千人往扼之復遣總兵高連陞率三千人由縣北梅嶺攻壽昌閏八月十三日遂克復李世賢恐官軍躡其後乃赴裘家堰結七大壘以自固旋由蔣益澧劉典等於十八日會勦龍游惟南岸湖鎮五星街（疑即東鄉之五里津）羅埠等處屯賊尚多其地當龍游湯溪之衝匪所必爭左宗棠乃飭蔣益澧渡河節節攻勦適匪目戎天義李世祥請降益

京城印書局印

澧受之使相機內應遂於二十六夜襲擊之世祥率黨殺出立毀匪壘五座是日縣城之匪正運糧至五星街總兵崔大光偕李世顏邢得率各營潛由北岸涉淺而過出匪不意擊之遂將五星街匪壘踏破殺悍匪五六百名於是湖鎮之匪乘夜遁去劉典與副將熊建益各營追之亦斬匪數十人

九月五日左宗棠移駐新京亭

南路各官軍於閏八月二十二十九等日猶攻縣城城中踞匪堅匿不出故宗棠移駐距城僅五里之新涼亭并飭各營修築長濠以困之蓋是時李世賢已回金陵城中之匪勢窮力詘欲求援於金華守匪而自湖鎮五星街要隘經官軍攻克後道路亦已隔絕也

十日官軍築三小壘於東門外寶塔嶺

左宗棠自移營後親督各營於本縣西南兩門外開掘長濠引小溪之水灌之又以東門外寶塔嶺（案嶺即雞鳴山）俯瞰匪巢地勢在所必爭至是商同劉培元搶築三小

壘並派各營剿隊以防城壘之匪中刻新壘成各營甫收隊而匪忽分股急撲意在乘官軍之後培元遂親率弁勇極力堵禦宗棠復飭各營回擊匪敗走追近壘前城匪復出昏夜中混戰逾時斃匪百餘名匪退入城是役也培元督戰甚力所部守備師有勝熊得先皆中洋鎗殞命合計斃悍匪三百餘名而弁勇陣亡者亦十五名受傷者七十餘名云自此三小壘成匪始奪氣不復敢出城拒戰矣

十八日未明官軍分攻城壘拔其一壘

五鼓左宗棠派楊昌濬與紹南率親兵營劉璈率副中營旗攻傍城一壘出匪不意疾趨而前拔開花籬地刺堆草塡濠而進連拋火彈適中匪藥筒火起匪亂官軍乘勢肉薄而登其驍勇者直從炮眼鑽入立破堅壘一座壘中匪數百僅漏逸三四十名匪目忏天安任方海等十餘名均斬擒淨盡奪獲僞印三十餘顆旗幟鎗砲刀矛馬匹悉爲官軍所獲而紅綢蜈蚣形蠹龍旗多至二百三十餘面其餘各壘經各營猛攻前者中傷後者繼進凡歷五時之久卒不拔城匪旋由東門出

經王德榜劉璈等截擊斬大旗匪數名餘敗入城仍匿不出各營奮力猛攻卒以

匪壘鎗砲太密壯士受傷過多不得已收隊而還計是役陣亡者八十餘人受傷

者七百餘人

十月二日官軍復攻匪壘無功而還

是役由親兵營副中營旗專攻第一匪壘置各壘不攻以誘其出匪知之惟穴牆

環開鎗砲無隙可乘久之壘中悍匪少許各持洋鎗躍出官軍截擊斃其數十而

還而官軍陣亡者已十數人受傷者又五十餘名各營哨官受傷者亦七人副中

營游擊瞿端明則因創重殞命云

二年正月十二日左宗棠克復縣城

自去年十月以來城壘油鹽薪炭俱缺業已拆屋爲炊匪數雖有兩三萬名而能

戰者實祗數千人所以窘迫若此猶忍死待援者意在戀其輜重婦女又恐棄城

壘而走衆心一渙官軍追殺難以倖免耳而湖紹兩府匪首黄呈忠范汝增練業

紳附聚金華連營數十里新昌嵊縣諸暨浦江各縣之匪與蘭溪匪首譚星聯合自將軍巖大慈巖至溪西一帶亦連營數十里均意在急解龍游湯溪兩城之圍以圖西竄當時左宗棠奏陳勦匪情形亦以必兩城下後路清而後可攻金華蘭溪嚴州（見元年十月二十二日奏稿）蓋龍游湯溪兩縣關係浙省大局之重如是故龍游城中及附城各壘之匪固匿不出雖時出潛赴各村往來掠食冀以窺探援匪消息而一見官軍輒縮退城壘施放鎗礮自十一月十三至十二月十日各營先後截擊城壘潛出之匪所格斃者僅數百名而已（湯溪戰事情形與本縣無涉故不載）洎除夕四更微雨初止匪數千突出撲東門官軍噴筒火箭迸射營壘劉培元亟飭官軍憑壘轟擊斃匪約數百名侵曉始遁去是歲元旦馬德順率馬隊巡哨至城東南五峯廟殺掠食之匪數十生擒二十八名以歸嗣是駐營湖鎮之崔大光駐營張家埠之劉光明余孝隆等皆日有禽斬難民之藉挑食野菜逃出者日以數十計九日王德榜率所部再於城南移築三小壘逼之各營列隊以待賊意官軍齊趨東南忽出悍

黨千餘撲西路營壘參將余佩玉督新練溫州勇丁奮擊斃匪數百名劉明燈張人和劉明珍等亦各率所部衝殺匪敗入城官軍亦於其入城時開放劈山砲擊斃紅衣騎馬匪目數名是夜城中匪目相鬩鬬人聲鼎沸十月十一日城匪异其輜重出屯城外壘中官軍知其將竄詗察益嚴時湯溪縣城已由蔣益灃攻克於是官軍射示城中告以湯溪已下李尙揚已被禽十二日酉刻匪乘月色啓東門向湯溪大路竄赴金華蓋猶不信湯溪已克復也左宗棠與劉培元先已派定水陸馬步各營分路截擊並飛飭蔣益灃康國器等整兵以待是時劉培元王德榜陳希祥賴錫光劉榮會毛正道賴長等各率所部入城擊將餘逆剿盡一面整隊尾追城中匪目營天燕張可成蔡廣元率黨千餘欵營乞降楊和貴受之仍派隊追勦匪之前隊竄及張家埠劉光明李世顏橫出截之水師砲聲齊震匪轉竄湖鎭崔大光余萃隆橫出擊之劉齊元復督所部劉明珍粱雲山黃本富及鍾南英劉明燈楊和貴張人和簡桂林各營與馬德順馬隊繼之楊昌濬虞紹南李光瑩

許瑤光余佩玉率親兵旁向遂昌一路搜勦匪且拒且走官軍或遮其前或躡其後或撓其旁脅壁截殺自東門至湯溪一路中間山谷坂圫匪屍駢列毙匪約近萬餘沿途棄械逃散及僞作難民乘機逃去者不知其數陣斬匪首陳廷香獲其僞印僞令與其眷屬是夜自酉刻至十三日卯刻追近湯溪縣城蔣益澧康國器早率所部以待匪至即擊又毙數千追過湯溪大路以趨金華餘匪無幾高連陞適克復金華復派隊邀之鮮有脫者其匪目李國翠萬連勝陳其得洪萬義李學金羅萬友梁雲㦤亦經禽獲所得軍械旗幟僞印馬匹不可數計於是一城五壘之匪無一漏網全境肅清以上據平浙紀略及左文襄奏稿纂

三年左宗棠奏請免征本年錢糧並發給穀種牛種詔從之

兵燹後流亡雖漸集然無穀種牛種賴有此舉始得生聚云從采訪

五月大水

自十四日至十六日大雨平地水深三尺其被災之地北鄉則驛前茶圩後周西

徐高橋諸村東鄉則湖鎮莽頭上下范上下童朱家楊家吳家諸村西鄉則五都齊家邵家徐家姜家高敬湖塍馬葉前游蓮塘西方丁塝圩澤基隆興殿諸村四年正月十九日西安縣知縣當嘉本縣知縣龍紹璜會勘原稟

六月七月大旱

自前月大水復繼以兩月不雨其被災地域頗廣一都四圖八圖九圖二都一圖三都三圖四都二圖八圖五都一圖二圖三圖六都一圖二圖七都二圖九都一圖二圖十一都一圖十七都一圖二十八都二圖太都一圖二圖三圖四圖諸村落悉無收穫云據采訪冊各都圖地保公呈

四年十二月十四日詔蠲免本年錢糧

上年被水巡撫左宗棠即於六月二十七日附片奏請蠲免錢糧至是巡撫馬新貽復并旱災奏請全行蠲免遂有此旨先是上年被水時地保稟縣諭勘知縣朱棫批詞以爲經本縣虔誠祈禱當日午刻雨即停止水亦迅速消退察看禾苗並

無妨礙未予申詳而通禀猶謂雨澤得時不致收成無望不過收穫較遲別無他慮（八月初七日通禀）甚矣朱樸之不恤民也所幸其年十月去任熊紹璜繼其後認眞勘災申詳始得邀蠲恤云

六年四月知縣黃秉中重編魚鱗册

乾隆間徐起巖所編魚鱗册既燬於兵民間授受無所依據至是秉中乃設局清釐重行編訂今所存田賦魚鱗册即此本也（詳見掌故）

五月大水

黃豆未穫漂失甚多禾苗亦間被衝傷（知縣黃秉中禀）

七年五月大水

歉收田凡一千三百二頃十一畝有奇占原額十分之三强（九月十三日知縣黃秉中禀報）

八年有齋匪之警一夕數驚

自咸豐兵燹後本縣人存者十不逮一外來客民溫處人占其十之二三餘皆江

京城印書局印

西廣豐人雖亦有循謹安分之民而人數既衆所爲遂多不法抗租霸種習以爲常其間更有傳教喫齋結盟拜會者當時謂之齋匪匪首周洪海意圖起事而客民附和者頗衆是年三月三日遂有三更破城之謠居民惶恐連夜出城避匿繼又傳言北鄉某處藏賊若干東西兩鄉匪聚尤衆人心益覺不安知縣黃秉中雖令民團防堵而謠言終不止自八月後亂象益甚竟無寧日矣（據余逸會齋匪滋事小志纂）

夏大水繼以風

自四月初七辰起大雨傾盆至初九日始止及五月二十二日起又晝夜大雨至二十四日始止山水又復陡發二十五日後則陰雨連綿田禾多遭霉損其後所補晚禾及雜糧又以六月二十七日以後風災大受折損云（據采訪）

九年四月齋匪至知縣李宗鄴擊退之匪首周洪海伏誅（詳食叙略）

當西鄉馬蘗村之擒獲周洪海也初不知爲匪首庭訊時以僞姓名對詰其狀則甚辯宗鄴不之疑命暫羈土地祠候保適有捕役鄭某者昔嘗從周習技擊至是

偶至土地祠突見周遏呼以師父周急以眉目示意衆遂不敢言繼思周爲懸賞購緝重犯首之可邀功乃黃夜趨宅門告密時已四鼓矣李起詢其詳始知爲崇安發亂首魁急令所募兵勇圍土地祠殿行刑訊凡數日周猶不認及以衆對質始吐實案定解省正法據余逸曾師稼山房雜記

五月大水

自初七日至十二日大雨不止十四日復大雨至十八日止洪水陡漲沿江一帶田廬多遭淹沒采訪冊

十一月十三日有詔分別蠲緩錢糧

從巡撫楊昌濬之請也采訪冊

十年十一月二十八日又詔分別蠲緩錢糧

亦從巡撫楊昌濬之請采訪冊

十三年夏大旱

西北兩鄉爲最東鄉次之歉收田畝凡七百八十八頃六十畝有奇占原額十分之一強知縣朱棨及委員會勘冊帖

光緒八年三月縣人余恩鏶重刊康熙舊志成

縣志自康熙十九年重修後垂二百年未修咸豐兵燹後僅南鄉余暢家存一部恩鏶既歸田頗有志重修而未果至是乃重刊之詳見卷末修志原委篇

五月大水

朔日起至初四大雨不止城中縣前街湍急如河房舍衝毀不知凡幾而東西兩鄉被災者數十圖田廬淹沒人畜溺斃者不可勝計蓋自咸豐四年水災之後以是年爲最矣余遠音師稼山房雜記知縣陳瑜不自勘災猶在署演劇自慶其壽人民不謂然九都災民至以淹敗禾苗擊向縣署投擲幾釀事端云其後道府委員覆勘詳報除被災稍次收成僅減色者不計實歉收田凡七百二十一頃四十畝有奇占原額十分之二弱據新采訪及知縣余廷英委員恩裕會勘冊

十二月十九日有詔分別蠲免錢糧
從巡撫陳名佚之請也續采訪
十二年七月大水被災田畝錢糧緩征一年新采訪
十四年知縣高英創設平政浮橋詳建置考
十五年旱
十六年知縣馬芳田始建大有倉嚴禁地米陋規詳官績略
十七年九月大水
東鄉沿漢一帶被災頗甚新采訪
十九年旱續采訪
二十三年知縣張炤始建藏書樓見官績略
二十六年六月二十四日江山匪警至翌月三日團練擊之於鄭家村敗之
先是閩江山土匪起事四鄉已舉辦團練及是月二十五日西安縣知縣吳德瀟

京城印書局印

被戕風聲益緊知縣楊葆光乃日夜與團練巡察警備人心稍安二十九日北鄉團練赴西安東鄉與縣交界之鄭家村警備為匪所乘死者四人及七月初三日匪掠西安縣東之樟樹潭村復順流至鄭家村匪首吳嬾頭丑者本欲攻龍游而匪目三角人（江山方言人讀如難）以夙與高家村人有隙因先率衆渡河至其村焚掠於是馬葉村一帶團民約數百人慮其侵入縣境正事防勦而北鄉團首澤隨村人徐炳芝夙以膂力稱乃率其團勇三千餘人踵至因同追至鄭家村村中有江山人數家本窩藏匪人者團練遂舉火焚其居高家村之匪望見鄭家火起急渡河歸與團勇戰匪敗走龍游得無事是役也團勇先後陣亡者六人負傷者一人而已當是時別有一股土匪其匪首名陳鐵龍由西安全旺竄入十都十都人大懼勉為供應鐵龍正恩與江山匪合以鬨鄭家村匪敗遂散去（新采訪）

二十七年五月大水

凡張三次東西兩鄉被災最甚（新采訪）

二十八年三月朔北鄉塔石區大雨雹

雹大如鷄卵毁民居麥蔬無收（續采訪）

是月土匪陳鐵龍謀亂

前年陳鐵龍既不得逞至是復潛來北鄉與蘭溪縣水亭村匪人聯結圖起事鐵龍本娶於北鄉鴻陸夏氏故匿居焉知縣葛錫爵時已舉辦團防及四月初旬遂在縣北茶圩搜獲匪黨葉日升始知其將舉事乃帶同營兵團練往捕而匪已先覺即由唐寺山竄至西鄉龍興殿村殿有兩僧夙非善類與匪有聯絡居民亦稍有所聞相約警戒於是石亘齊家居民乃黃夜密捕兩僧送縣懲治鐵龍知事已敗露始遁去（新采訪）

二十九年始設學堂（詳建置考）

清理公租始設公租局

先是咸豐兵燹後無主之田作爲公田聽人耕種初未完糧當時知縣起解錢糧

多不足數故得伸縮於其間未及深究亦無人過問及之也迨光緒初年知縣某者（有人謂是高英然無旁證故未敢牽書）以公租賦額五六百兩均未完納於其催科成績有妨遂禀請道府欲將公租一律發賣時縣人余恩鍒居府城夙爲道府所畏憚既得禀以詢恩鍒恩鍒持不可事遂寢至二十二年知縣張焰鋭意興革乃專派委員方仲華赴四鄉清查其田畝設廠徵收（計東鄉有湖鎮希塘兩廠西鄉有五都廖廠北鄉有石佛蓋然蓮塘三廠南鄉則由董事任其）凡得租銀數千元除支銷外尚餘四千元左右存當生息即今學堂存款也無何張卒遂由縣丞典史徵收凡六年至是始由縣人余慶齡爭回清理設局徵收以充學堂經費（餘詳學校）

三十年六月三日迴源山洪暴發

是日天晴微雨居民不虞水至故沿溪人畜漂沒頗多（采訪稿）

宣統三年城鄉始設自治局（詳建置考）

九月十八日革命軍朱鴻賓入城知縣英厚迎降越一日軍變鴻賓遁

先是縣中聞武昌事起四鄉即興辦團練以備不虞及衢州革命事成即派朱鴻賓來徇吾縣英厚知事已不可為乃腕纏白布匍匐縣署川堂迎鴻賓入恭獻册籍鴻賓旋駐江西會館一時人心洶洶翌日紳士吳際元等約鴻賓赴城隍廟宣布革命宗旨出示安民人心始安又越日駐江西會館營兵忽有向其哨官厲某索餉之舉勢甚急蓋昨日英厚曾以銀四百元交鴻賓兵曾見之故求分潤也厲不得已奔告鴻賓鴻賓欲繩以軍律兵大譁鴻賓懼踰牆走踰及半以體肥中墜傷足人心又形洶懼於是保衛局並城中團練乃出而維持且向兵為鴻賓及厲排解事始已鴻賓遁回衢州新采訪

二十二日縣署改組事成英厚遁

縣人勞恭震勞錦魁在省垣聞英厚出降乃歸縣議改組縣公署使人告於衢州軍政府李龍元龍元即委李茂蓮來收縣篆稱民政長實行改組於是舊時差役以失其城社羣起求官紳為籌生計縣人勞錦榮時與改組事痛斥之差役夙畏

京城印書局印

錦榮暫散去而慫恿親兵警察隊復來署滋鬧其夜差役又聚大堂前以錦榮痛斥故欲得而甘心焉茂蓮乃匿錦榮於署中而自出排解別遣人入衢州求援翌日軍政府有令謂差役敢滋擾者格殺勿論同時四鄉團練亦相率入城鎮壓差役始逃散改組之事遂成當是時有人謂英厚汝滿人也勿亟走禍將及英厚懼悉委其財賄偕挈眷遁 新采訪

龍游縣志
京城印刷局印

（清）徐名立、潘紹詮修　（清）潘樹棠纂

【光緒】開化縣志

清光緒二十四年（1896）刻本

開化縣志卷之十四

祥異　通攷三　附人瑞

洪範有休徵亦有咎徵蓋常變所在政治得失關焉

盛朝景運郅隆嘉祥疊見史不絕書然春秋一册鷁飛星隕必書雨雹螽蜮必書亦以備修省垂儆戒也志祥異

明

嘉靖十八年自四月雨至六月初五辰時洪水汎濫山崩石裂龍出斷橋壞廬衝城平地水深丈餘秋大旱

三十九年十二月雨雪木凍折次年春雪甚民多饑死

四十年閏五月十六日大水民得賑稍安次年又饑

隆慶二年猛虎至六七八都傷百餘人延年方殺之腹有人牙升餘并簪圈多識其人所帶者

萬歷六年元宵日卯初黑雨驟注着物及土如墨辰時雨復常

十年五月七日大雨水溢山崩壞田地斃人畜七月廿一五日水尤甚禾苗漂盡推官胡以準來賑民稍安

十五年夏陰雨月餘五月廿六日洪水壞田屋秋烈風傷稼蝗食晚禾幾盡次年春霪連宵霆雨數月黃豆無種二麥淹沒民多流離盜賊猖熾五六月饑甚

二十六年大旱五月至七月方得雨是年大饑煮糜食

饑民

三十三年十一月初九日夜戌時地震環鈴有聲

天啟四年邑大水邑令王家彥申請救災必須賑濟然近者升斗猶易沾恩遠者往返不償所費且由里長開報弊竇滋多計本縣被災田地共二百七十頃有奇額征該銀一千三百兩見今輪將既難查庫貯穀價共五百十一兩有奇合無照畝議濟每被災一畝該賑穀價銀三分而以五百兩通融抵作被災地方條銀庶幾遠近均霑涓滴皆實而民減辦納之苦官亦省催徵之煩矣當道允其請災民少甦

崇禎二年七月白石井及積魁巷内火並發延燒民房店鋪甚多火災頻見延及闕廟

八年五月至十月不雨秋成無收次年大饑紳士富戶捐貲輪日煮粥於靈山寺市鄉就食者日以千計饑民稍得蘇

國朝

順治四年大旱斗米六錢中產盡食糠粃

六年大旱斗米四錢

十二年大旱

康熙四年六月初六日大風雹

十年蝗災大旱邑令崔申請開倉賑濟免本年錢糧三千餘兩

十一年秋地生白毛占曰地生毛人民勞

十四年六月龍華寺黄菊有華

二十一年三月十八日未時怪風挾雨雹自西北方來如潮湧山崩喧豗震撼不可嚮邇瞬閒屋頹垣塌合圍大木連根土拔起所過松杉雜樹跡同掃砍雉堞崩圮數十百丈聖廟明倫堂及坊表鴟尾無遺城中男婦破額折肢覆壓棟牆下命垂如綫民皆雨立露處瓦礫塞途數月後始稍稍築舍補茅略有宵宇是年秋大旱

雍正二年冬中市火延燒鋪近百家災及關廟

十二年五月廿五日邑人畢懋增妻姜氏一産三男

乾隆九年七月初九日大水田廬漂壞

二十一年貢生徐宗瑕家生雙層芝

二十三年地震環鈴有聲

三十二年地生毛

三十九年明倫堂產芝色紫有光如玉

五十三年五月初六日大水漂壞室廬田墈

五十四年旱

五十五年麥秀兩歧

五十七年六月大水

嘉慶四年己未西鄉虎亂王邑令大全具牒申告城隍并募獵戶擒之牒見藝文

六年辛酉九月孛星見

七年壬戌五月旱大饑

十四年己巳立夏前三日雨雪

二十四年己卯六月孛星見

道光八年戊子四月孛星見

十五年乙未自四月至七月不雨大旱饑甚民掘山中白色土俗名觀音粉和糠粃食之

十六年丙申大熱連及三秋

二十六年丙午正月孛星見縣署西園產芝雙莖七月十一日三更城中火延燒四十餘家

二十七年丁未五月烈風雷雨大木盡拔

二十八年戊申六月天雨雪七月十一日西鄉大水潭川莊畈田砂積難墾

咸豐元年辛亥正月朔日食是年麥穗兩歧

二年壬子七月大水

四年甲寅七月彗星見西方次年七月復見

八年戊午三月十五日粵賊陷城九月彗星見西方長

亙天至十二月殁
十一年辛酉十二月大雪平地三尺民遭賊害尤甚
同治元年壬戌七月二十八日彗星見疫作民饑
二年癸亥大疫二月初十日隕霜殺菜麥米價每石七千二百文民多餓斃華埠賈人集貲施粥全活者多九月孛星見
五年丙寅夏大旱
十年辛未六月六日太白星見次年八月孛星見
光緒元年乙亥大旱
四年戊寅五月廿五水漲入城閉門捍之北鄉隄障多

壞七都畈田成谿縣丞陳履勘徐邑令詳請撫賑

七年辛巳五月孛星見

八年壬午四月十三雨至五月初四大雨南鄉山多暴裂洶水上噴不息龍山源涙起數丈田舍隄防冲塌甚多桐村百餘家僅遺十分之一漂没人以百計存者露棲高處華埠賈人載餅餌啗之得延旦夕江前山崩黃姓壓斃二十餘口各大憲皆請　帑委員賑恤八九十月長星見鶉火之次

十年甲申張村來龍山攏產芝十餘莖

十二年丙戌七月十八日大水城西黃壁隖高坑隖冲

塌民房十餘家西南若坑尤甚

十六年庚寅九月十九日華埠大火延燒數十家

十七年辛卯七月五色雲見西方

二十一年乙未二月二十日巳刻雷雹稷雪五六寸次日大霜油菜盡萎

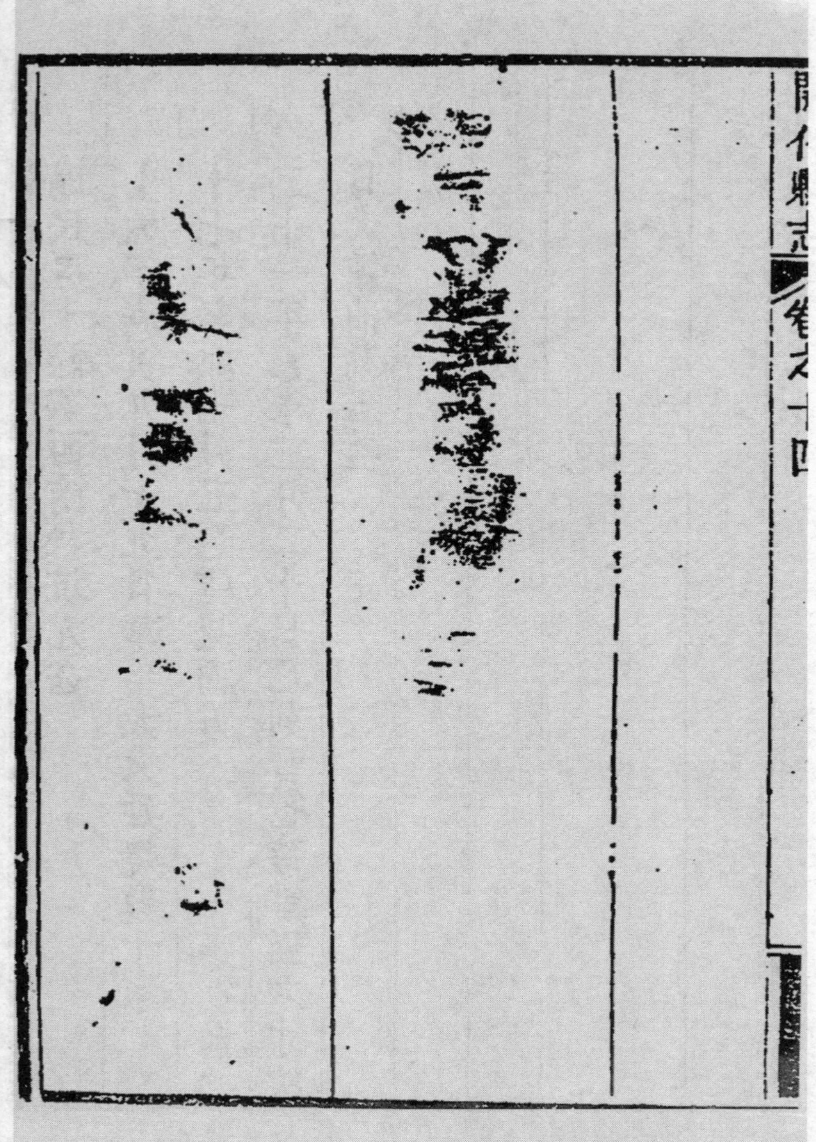

【光緒】常山縣志

（清）李瑞鍾修　（清）朱昌泰等纂

清光緒十二年（1886）刻本

常山縣志卷八

知縣李瑞鍾修輯

祥異

祥和感召共慶昇平休徵立應自伏勝作五行傳後儒所以悉踵其說也然陰陽五行之氣能爲祥亦能爲異觀春秋之所書與保章氏之所志雖在下邑識祥小數莫不有瑞應災祲之可按則天人之相去誠不遠也志祥異

國朝雍正五年夏旱秋復大熟田禾一莖數穗

鄭鎮中字康國坑頭人壽一百六歲元至元間建仁壽坊於縣南隴上

璩尚洼字德化貌頭人壽百歲明崇禎間給熙朝人瑞匾旌之

詹廣文妻金氏壽一百六歲

樂德生妻鄢氏壽一百三歲

何敦麟妻陳氏壽一百二歲

吳春源妻李氏壽一百二歲

貢生詹詠詩嘉慶二年親見五代同堂奉

旨給帑幣及盛世庥徵匾旌之

詹天祥嘉慶十七年年八十九歲親見五代同堂甫呈報部故未及申詳

監生徐成浩妻吳氏壽嘉慶十七年年九十歲親見五代

同学

監生詹兆蘭嘉慶十七年年八十八歲親見五代同堂

徐榮壽地字庄人道光二十六年時年八十六歲元孫

應祥生呈報親見五代同堂蒙　題洛奉

旨恩頒七葉衍祥匾額壽享百歲

元

至元三年大水楊府志

明

永樂十四年大雨水漂沒廬舍

宏治十一年大雨雹

十八年九月十三夜地震

正德元年地震歲大旱

三年大旱

四年正月雨雪凡二十有三日三月雨黑子

八年冬十一月雨雪三旬牛畜凍死

十三年大風拔木東隅火災

十四年地震

十五年大水觀風橋圮

嘉靖五年丙戌大旱

九年大火延及學宮

十二年星隕如雨

十五年淫雨十九都程氏廳陷爲淵

十八年六月初五日大水人畜溺死無算秋大饑疫

二十四年饑

三十二年虎咥人

三十三年六月大風拔縣庭巨木公座皆傾

三十六年六月雨雹

三十八年五月不雨至九月禾盡槁民採蕨爲食

四十年夏大雨水

四十二年軍門火藥舟泊浮橋下薄暮有聲如雷

四十四年春虎夜入市

隆慶元年丁卯大雨水

二年八月白金鳴於庫三日始息

六年元旦驟雨街市成渠

萬曆元年癸酉霜降日雷電大作

三年夏大旱冬復大水米價騰貴

五年夏五月旱秋大雨水九月十一日雨雪

七年夏六月蟲卷葉結窠農民梳爬手足盡腫是歲

大饑

八年秋蟲饑冬至六雪雹

十年五月初八日大水

十一年秋大旱

十三年六月大風雨雹

十七年大旱

二十三年春大雪夏四月大水五月旱

三十二年地震

四十三年旱奉詔賑䘏

四十五年春大雨雪

崇正元年六月十三日大雨雹晝晦

七年二月十一日大雷雨晝晦

八年大水

十三年大饑

十六年旱

國朝順治三年五月不雨至九月歲大旱

四年歲饑斗米七錢餓殍載道

五年七月十九日大水漂沒禾稻幾盡

十三年夏五月大雨水秋旱大饑

十六年大水

康熙二年大水漂沒田廬

七年八月地震有星隕於西南

八年三月地震

十年大旱蝗

十七年大旱

二十年大水饑

二十二年正月雨至四月

二十五年大水

三十五年四月至五月不雨

三十六年夏秋大旱八月雨雪

三十八年大水

三十九年秋大旱

四十二年旱

四十三年旱

四十七年大水

五十二年夏大旱六月不雨至冬十月

五十三年大水

五十五年大水夏秋大旱

五十八年六月大旱撫憲朱公發米一千石減價平糶民多賴之先是知縣孔毓璣捐貲往江陵買米每升減價五文于十一月初一日發糶起兩月中頗有全活

六十年大旱五月不雨歷閏六月至七月撫憲屠公

藩憲傅公買米三千石計口施賑以十二月十五日起府憲靳公特請展限至麥熟止又發囘糟一千石減價平糶全活無算先是知縣孔毓璣仍往江陰買米平糶又勸富人各平糶于其鄉

雍正二年旱

十一年旱

乾隆九年七月水暴漲傷人無算

十六年歲大旱米價騰貴知縣宋鑒勸諭富戶減價平糶邑賴以安

十七年大雨雹招賢一帶民房多被損壞

二十一年十月地震

三十五年旱

三十八年七月大風傷禾

四十五年六月大雨西郭外澗水暴漲由西水門入城內金川書屋及詹家坑民房多被沖壞

五十三年五月初三日大水

五十八年六月米價騰貴鄉民搶掠知縣丁如琦嚴治之遂靖

嘉慶七年旱民大饑署知縣徐映台力請賑郵設廠平糶親自區畫并給照勸富戶遠境採買平糶民賴之

十七年十二月廿七日大風雪至廿九日平地厚三尺

二十五年旱

道光十五年夏大旱民食蕨

十八年夏大旱

二十三年大疫

咸豐二年旱

三年歲饑知縣李盤勸諭殷戶減價平糶民賴以濟

七年虎傷人

十一年冬大雪平地深數尺樹木損折

同治元年疫作業荒民饑知縣黄敬熙勸捐設廠施粥
自十一月起至二年七月止全活無數
二年穀價騰貴斗米千錢秋七月暴風大雨雹東淤
屋壓
三年夏大旱
五年夏大旱
十二年夏大旱
光緒元年大旱
四年五月二十五日大水入東城門觀風橋下居民
升屋躲避里人挖開跨橋簡牆救出十餘人東鄉浴

河田廬俱被淹

八年夏五月大水田禾漂没四鄉近河民屋多被冲塌

知縣李瑞鍾僱舟載乾糧往來拯救入城安置捐廉

給錢施粥遠者給米票全活甚衆先後稟蒙發帑銀

壹千貳百兩錢捌百串又穀碾米叁百柒拾伍石貳

斗賑濟　升任藩憲德公捐廉施藥冬給棉衣

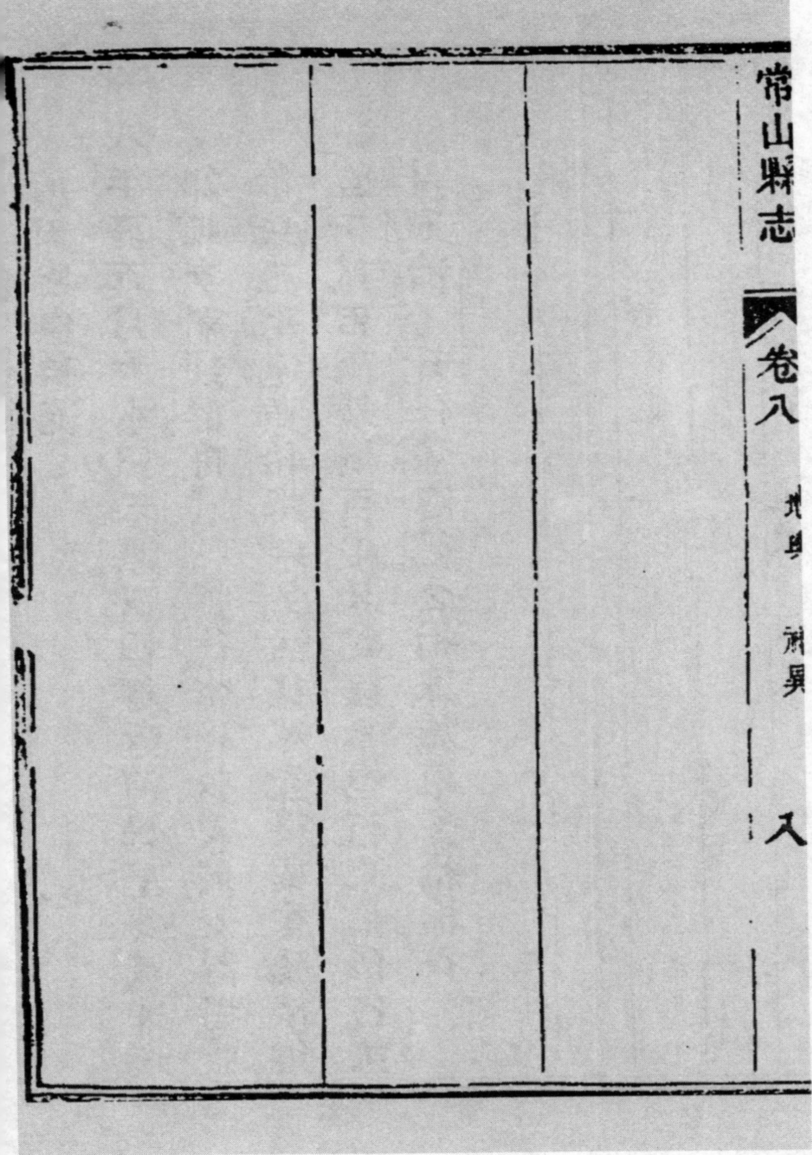
常山縣志
卷八
地輿
瀬興
又

（清）朱彩修　（清）朱長吟纂

【康熙】江山縣志

清康熙四十年（1701）刻本

災祥

古來遇災而懼則災反爲祥有祥而怠則祥或爲災禍福之倚伏豈不視乎人事哉拱桑雊雉金馬碧雞共明徵也自唐宋以至于今紀載之間徵應亦概可睹已

漢唐無攷

宋

鎮安毛塚前赤白二蓮雙蔕並開其家有登第者自後每開必如之人以爲瑞云

江郎石毎旗現輙有登第者弘治間赤旗再現姜瓚周任相繼第進士正德二年黑旗現周文與以書魁浙省明年登第自後邑人累以爲騐

元

至正十三年大旱

明

洪武末有飛蝗自北來禾穗竹木葉食皆盡蓋江南舊無蝗亦沴氣然耳

正統間大雹如雞子鳥巢屋瓦皆碎人亦中傷後

復大旱人多飢死

景泰五年大雪自正月至二月凡四十二日深六七尺鳥獸俱斃

成化初大旱民飢甚

九年夏大水舟可入市壞廬舍

弘治初城南徐氏得金魚于烱蘿泉畜之沼數年黑雲俄起池水盡裂見一物著鱗赤鬣若麒麟然騰空冉冉而去

時儒學明倫堂右桂樹側忽紫芝叢生數本自

是科第連登人以爲瑞
弘治十年城市火
十一年大旱鹿溪潭盡涸見大石有刻文戊午
天大旱五字
十二年大水壞田廬視成化時尤甚
十八年復大火焚廬舍殆盡九月十三夜地震
正德三年大飢餓者載道至今言乏食者必曰正
德三年
四年雨黑子與山中梘子同父老云正統間有

此異地方不寧者凡三年後姚源寇變居民罹難蓋先兆云

八年八月朔日有食之既晝晦如夜繁星皆見鷄犬悉驚是冬連日大雪寒凍極甚林木俱瘁有經春不生長者

十五年六月大水寶陀巖蜃龍出樓廡皆漂壞與三清山蜃出同日開化縣亦然

嘉靖三年災旱斗米一錢伍分

八年五月大水壞民田廬漂溺甚衆八月十二

日雨雪
九年四月初五日大雹如雞卵林木皆禿牛馬
有死者秋旱歲大飢
十七年九月彗見西方
十八年自四月淫雨至六月大水壞田舍漂溺
人畜甚衆六月至八月旱竹木皆枯粒稻無收
民多疫死八月彗復見西方
十九年八月蝗虫來食粟
二十一年六月二十四日有蝗蝻自北飛來蔽

蓋天日食禾粟殆盡有司令民捕之至七月初八日方散

二十三年四月至七月不雨民飢甚

三十六年因盜掘西安銅山礦勢甚熾郡守楊公準調本縣鄉兵閱于府教場

三十九年夏五月六月俱不雨秋後始雨

四十一年流賊袁三自稱麻陽兵戍逐入縣治請糧有踈躝意知縣陳湯敬令邑人柴田却之賊懼而退過玉山焚民廬舍荼毒甚酷夏五月

大水

四十二年春霪雨止即旱

萬曆元年霜降日雷電大作

三年五月至七月不雨米價湧貴

七年虫食禾苗東南鄉尤甚

九年東近括蒼界多虎內一虎有鬣狀如馬嚙人甚衆知縣易公倣之募人搏之剖其腹指甲盈升

十三年六月大風捲稻草淩空而去

十六年疫甚

十七年大旱飢民載道縣官煑粥療之

二十二年大風拔木是年夏水亦甚

二十三年春大雪驚蟄尤甚每風聚處積深盈丈虎至郭外夏四月大水五月旱八月二十三日大火先是元旦三日居民偶拾一錢四面火字相向中皆硃色怪而卜卜者言發財旺秋月至是自雅儒坊起趂風延燒百餘家時訛傳次月十九日辰時當復發已而果然從原處延燬

而下凡二十餘家自是群訛洶洶城内一日火三四發旋撲滅居民寄什物者紛如太守岳公萬階省災至邑設祭投火錢于通明巷井始安

是年爲五異

二十六年夏大旱斗米價二錢知縣蔣公光彦立法市鄉煑粥救

二十七年夏旱

二十九年八月二十七日江郎中石之巔微烟漸起向晚纖雨雨過聞雷擊聲火勢燭天光映

數十里七晝夜不絶燼餘古栢木從巔墜下其香撲鼻

三十二年秋日中飛絮時疫大發俗名羊毛瘟市鄉死者甚衆

三十三年十一月初九夜地震房屋析然有聲次年疫

三十五年虫食松葉幾盡

三十六年旱

四十年縣衙内翠栢開丹花甚盛是年大有

四十二年夏九都出青山裂壓田數百畝時有
樵採者在焉忽移至隔隴前山事亦甚奇
四十三年旱
四十五年春大雪
四十六年十月彗星見東方白光丈餘狀如刀
四十七年二月有紫芝生黌宮鶴飛入城棲靈
寶經堂栢樹上三日乃去次日捷報徐日葵登
第
泰昌元年冬木結氷乳枝俱折

天啓元年夏十九都居民牀下忽陷水湧滚淡不可測秋旱民飢

三年春城東鄭家地陷廣丈餘水震盪俱碧色

夏四月大水九清橋壞

崇禎八年大水各鄉同日出蜃漂没田廬無算

十五年步鰲山巔有巨石崩墜聲如雷占者以爲兵興之兆是年廿七都閩人種靛者揭竿而起屠戮張村石門清湖等處兵道檄知府張文達督金華遊擊討平之嗣後土寇竊發無虚日

國朝

順治三年大旱斗米八錢人採木皮土粉充飢

五年閩寇魏福賢嘯聚亡命出沒三省結連九仙山寇楊文所在焚刧屠戮男婦焚燬村落田地荒蕪至十四年三省會勦始平丁壯死徙殆盡往往鄉行竟月絕無人烟荒田絕丁之患貽累至今民甚苦之

六七等年西鄉虎患特甚有合村罄食無餘者

八年旱斗米五錢民多餓斃

十一年旱斗米三錢且遭寇亂飢窘更甚

十六年大水

康熙二年大水漂壞田廬

三年彗見東方自四更至曉凡十餘日

五年旱

十年大旱禾苗盡槁蝗食殆盡民往數百里外負米餬口死者甚衆

十三年閩省耿精忠叛寇至江山男婦逃竄賊兵四出搜刧難民避入深山烈日霖雨飢餓顛

墜死者無數拆屋掘地剝衣拷餉楚毒萬狀號
呼徹天不忍覩聞盤據三載士民旦夕顲天日
望天兵拯救幸十五年八月
王師進勦殘黎歡呼載道焚香迎請入城共慶更生
再見天日矣
十六年流亡未復田地尚荒蒙督撫題蠲從前
逋賦招撫開墾
十七年大旱
二十年二月暴風西來雷雨大作倒壓房屋甚

衆四月十六日未時龍風驟起大雨如注瓦若
飛蓬滿城房屋撼動倒壞無數壓死人民是年
大旱
二十一年有星孛于西方長竟天
二十二年正月雨至四月二麥盡爛米價驟湧
二十五年閏四月大水舟通城市橋梁盡圮田
廬漂没無算死者甚衆奉
旨蠲賑
二十八年

聖駕南巡全蠲本年租賦

二十九年大凍溪水合草木盡殞

三十五年四五月不雨苗多不揷

三十六年夏秋大旱禾盡槁八月雨雪菽麥盡

死民食蕨充飢

三十八年大水衝沒田地奉

旨蠲賑

三十九年秋旱大飢奉

旨蠲賑

【同治】江山縣志

（清）王彬、孫晉梓修　（清）朱寶慈等纂

清同治十二年（1873）文溪書院刻本

拾遺志三

祥異

宋淳化三年四月甘露降

至道元年大有年

咸平五年饑

紹興十四年大水

二十四年饑

淳熙六年夏霖雨秋大水

八年饑七月不雨至十一月

嘉定三年大水蠲賦

八年春旱至於八月乃雨

十年饑多盜郡賑之

十四年大旱蟲蝗爲災

十五年久雨江漲害民舍

元至元十三年大旱饑斗米錢五貫

十九年壬午有寇患學宫火

二十二年饑

大德元年大水

泰定二年饑

至正十八年冬雨黑黍草木皆花

明建文三年六月蝗飛蝗自北來食禾穗竹木葉皆盡通志作五年

永樂十四年秋大水

正統七年八月天雨雹雹大如雞卵烏巢屋瓦皆碎人亦中傷後復大旱人多饑死

景泰五年大雪自正月至二月凡四十二日深六七尺鳥獸俱斃

成化　年大旱饑宋成綫志作成化初

九年夏大水舟可入市壞民廬舍

宏治元年紫芝生儒學明倫堂桂樹側紫芝叢生從此科第聯登是歲城南徐氏得金魚於煙蘿泉畜之沼數年黑雲俄起池水盡裂有物蒼鱗赤鬣若麒麟然騰空而去

三年夏霪雨江水驟漲衝壞田廬甚衆

十年城市火

十一年大旱鹿溪潭盡涸見大石有戊午天大旱五字

十二年大水壞田廬視成化時尤甚

十八年火九月十三夜地震大火焚廬舍殆盡震處地生白毛

正德二年江郎山旗見先是宏治間赤旗再見姜瓚周任相繼第進士至是黑旗又現周文興以書魁浙省明年登第邑人屢以爲驗

三年大饑餓者載道

四年大饑雨黑子形與山中椇子同父老云正統間有此異地方不甯者凡三年後機源寇變居民罹難蓋先兆云

九年冬大雪連日纔下寒凍極甚竹木俱斃有經春不生長者（宋成緩志作八年）

十五年六月大水寶陀巖暴出樓廬皆漂壞與三清山疊出同日開化亦然

嘉靖三年旱大饑(采成綏志)斗米一錢五分

五年大旱飛蝗蔽天

八年五月大水壞田廬漂溺甚衆八月十一日雨雪

九年四月初五日雨雹大如雞卵林木皆秃牛馬有死者秋旱歲大饑

十八年夏霪雨秋旱自四月霪雨至六月大水壞田舍漂溺人畜甚衆自六月至八月旱竹木皆枯人多疫死

十九年蝗

二十一年六月蝗爲災六月二十四日有蝗蝻自北來食禾粟殆盡是時飛蓋天日有司令民捕之至七月初四日方散

二十三年四月至七月不雨民饑

三十九年夏五月六月不雨

四十年大水饑知府楊準請賑

四十一年夏五月大水知府李遂請賑

四十二年春霪雨雨止即旱

萬歷元年霜降日雷雹大作

三年五月至七月不雨米價湧貴

七年蟲食禾苗東南鄉尤甚

九年虎亂東近括蒼界多虎內一虎有鬣狀如馬噬人甚衆知縣易撤之募人捕獲剖其腹指甲盈升

十年大水推官胡準出賑

十六年大旱疫

十七年大旱饑民載道知縣張斗賑之

二十二年春大風拔木夏大水

二十三年春大雪驚蟄尤甚風聚處積深盈丈虎至郭外　夏大水

五月旱八月大火先是元旦三日居民拾得一錢四面火字相向中皆硃色八月二十三日自雅儒坊延燒百餘家時訛傳次月十九日當復發是日果復延燒凡二十餘家自是城四隅一日火三四發太守岳萬階至邑設祭捉前火錢於通明巷井内始安是年爲五異

二十六年夏大旱斗米價二錢知縣蔣光彥立法於市鄉煮粥救饑

二十七年夏大旱

二十九年八月江郎山災是月二十七日見中石之巔微煙漸起向晚纖雨雨後聞

雷擊聲火勢燭天光映數十里七晝夜不絕煴餘古栢木從巔墜下其香撲鼻是年礦監委官搜掘土青一邑騷然

三十二年秋日中飛絮疫作俗名羊毛瘟市鄉死者甚衆

三十三年十一月初九夜地震

三十四年大疫

三十六年旱

三十七年復旱

四十年大有是年縣治內翠栢開丹花甚盛

四十二年夏九都出青山裂壓田數百畝時有樵採者忽移置隔隴前山之

四十三年旱

四十五年春大雪

四十七年二月芝生賢宮時復有鶴飛入城中棲靈寶經堂柏樹上三日乃去

泰昌元年冬木冰乳枝俱折

天啓元年夏十九都地陷秋旱民饑

三年春城東隅地陷陷處丈餘水震邊碧色夏四月大水九溪橋壞

崇禎八年大水各都同日出蛟漂没田廬

十三年大饑知府張文達出賑

十五年步蟾山石崩聲如雷占謂兵興之兆是年廿七都閩人種靛者揭竿起署毅張村石門湯湖等處兵道檄知府張文達督金華游擊葛平之勦後土寇竊發無虛日矣

十六年旱

國朝順治三年大旱斗米八錢人採木皮土粉充饑

四年大旱饑

五年閩寇魏福賢亂福賢嘯聚亡命出没三省結連九仙山寇首楊文所在焚劫田地荒蕪至十四年三省會勦始平丁壯死徙殆盡往往鄉行竟日絕無人煙

六年西鄉虎爲患時有合村盡食無餘者

七年西鄉虎復爲患

八年旱斗米五錢民多饑死

十一年旱斗米三錢復遭寇亂饑饉爲甚

十二年夏大水秋大旱

十三年西鄉虎患在西鄉毛竹一路二三十里白日食人近山田地荒蕪

十五年東鄉虎患獵戶以弓射殺捕出骨[illegible]數升又[illegible]石[illegible][illegible]六年[illegible]

十六年大水

康熙二年大水壞田廬

四年六月大風雹

五年旱

七年秋大風拔木毀屋

十年大旱蝗禾苗盡槁蝗食殆盡民[illegible]百里外[illegible][illegible]糊口死者[illegible]

十三年閩逆耿精忠叛哭至江山時男[illegible][illegible]實賊兵四出[illegible][illegible]歸三載難民避入深山死無算十五年八月王師進勦殘黎歡呼載道焚香迎請入城共慶更生有是始見天日

十七年大旱

二十年大旱二月暴風驟風自西來雷雨大作倒壁拔屋甚衆四月十六日未時大風雨其風驟起大雨如注漂拔房屋撼動街墻無數壓死人民

二十二年正月雨至四月二麥盡爛米價湧貴

二十五年夏閏四月大水舟通城市橋梁盡圮田廬漂沒死者甚衆

二十九年大凍溪水合草木盡殞

三十三年秋螟災

三十五年四月至五月不雨禾苗不得插

三十六年夏秋大旱無禾八月雨雪菽麥盡死民採蕨以充饑

三十八年八月大水衝沒田地

三十九年秋旱大饑

四十二年旱

四十三年旱

四十六年旱

四十七年四月初七日雷震步鰲山石笋折七月十一夜大水壞廬墓

五十一年秋蟲食柏子盡

五十二年六月大旱至十月乃雨以上俱仍汪浩志宋成綏志無續增

乾隆五十五年冬十二月大雪木冰枝斷樹折壞屋傷人

五十九年夏無麥冬十有二月大雷電雨雹

六十年夏大水五月二十一日狂雨經晝夜山水暴漲壞田地橋梁廬舍淹斃人畜

嘉慶四年夏無麥大旱

五年夏無麥大水

七年夏大旱饑城鄉紳富捐米設廠平糶共一百餘所邑宰聞於巡撫阮書義鞫常平字旌其門者十家由藩憲給額以奬者十三家

八年春饑窮民食草根樹皮紳富各捐貲運米平糶夏麥大熟

十三年六月大雷雨暴風

十四年立夏前三日雨雪禾苗盡萎

十五年夏麥大熟秋大有年以上俱見學博蔡英東軒遺集

道光二年夏大水

四年春紫芝生賢宮論謂兩署叢生非一占者以爲科名將盛之兆

九年秋江郎山火七月十三日申刻迅雷下震俄頃火發延燒兩晝夜十里外昏夜如白晝

十三年大水饑

十四年大饑秋有年

十五年夏大旱自四月不雨至八月乃雨田禾盡槁民苦饑饉紳富捐貲設廠賑饑歲雖大歉民得安全詳經請 旨給獎有差

十六年秋大有年

十七年麥大熟秋又大獲

十九年六月聞天鼓鳴

二十一年十一月雺木成冰

咸豐二年芝生六莖產縣治內知縣沈維祺謂靈芝有科名之兆是歲捷秋試者二人

三年夏大水饑

六年秋有虎患歲大熟

七年麥大熟

八年正月竹實城中竹盡結實占者謂不吉至三月粵匪陷城

九年六月雨毛

十年八月西山白羊成羣倏不見

十一年十二月冰河水盡合

同治二年大疫饑

三年大疫

五年夏大旱。

六年夏江郎山鳴

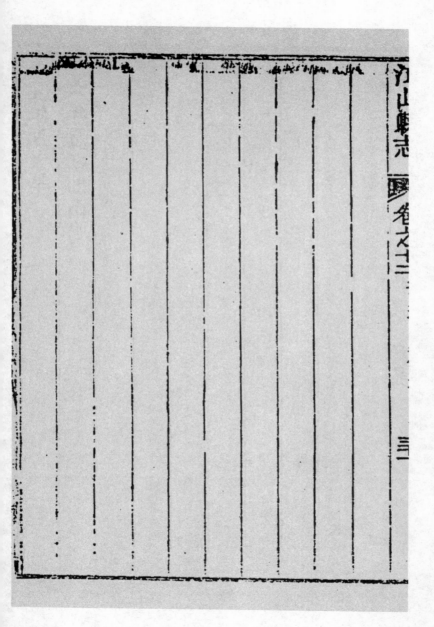

汸山縣志 卷之十三 三

（清）李琬修　（清）齊召南、汪沆纂

【乾隆】溫州府志

清乾隆二十七年（1762）刻本

温州府志卷之二十九

祥異

志列祥異猶史條五行匪是災瑞莫可考見也然有事在一方有司不以上聞柱下無從稽考則郡邑所書偏足以補史文之闕舊志自前代至

國初備矣今修葺踰八十年其問祥異故老無復能記憶者間有記憶某地嘗聞某瑞詢以年月叉髣髴不能詳悉此亦熙熙皞皞之氣象歟史法疑者寧闕志祥異

〔晉〕

永平元年海溢萬歷舊志太元十七年六月颶風暴雨海溢四縣人多溺死萬歷舊志太寧元年初立永嘉郡時方建城有白鹿銜花遂名其城爲白鹿城三年有白鹿銜花止於安固之白巖山萬歷舊志

六朝宋

元嘉二十年夏永嘉郡後池芙蓉二花一蒂萬歷舊志二十一年十月己丑永寧永嘉見黃龍自雲而下宋書符瑞志

唐

顯慶元年秋七月海溢永嘉安固二縣損戶口四千餘萬歷舊志總章二年夏六月颶風暴雨海溢永嘉安固二

一縣漂民居六千八百餘區溺死人九千七十餘戶萬歷舊志文明元年七月大水唐書五行志開成四年饑文獻通考天復二年有白烏棲於安固之集雲山詔改安固爲瑞安萬歷舊志

五代

後周永嘉西山南峯有紫芝生於錢令公墓側未幾吳越王歸疆今其處名紫芝之峯萬歷舊志

宋

太平興國四年嘉禾九穗宋史五行志秋九月知州何士宗獻嘉禾九穗圖舊志五年二月獻紫芝之五本十月又獻

十本宋史五行志　六年瑞安縣解本五片皆有天下太平四字宋史五行志　咸平三年大饑瑞安縣界竹生米實編亘山谷民採以食萬歷舊志　大中祥符元年四月獻瑞竹圖十二月獻靈芝之圖宋史五行志　嘉祐三年正月郡大火燔屋萬四千間宋史五行志　治平二年八月永嘉颶風大水州大火萬歷舊志按宋史綱目載治平三年正月大火焚官舍民居萬四千間　熙寧九年七月颶風大水舊志　十年七月大風雨漂城樓官舍宋史五行志　建炎三十二年大風壞屋覆舟宋史五行志　紹興二年戒福寺銅佛像頂珠自動光彩激射經日不少停數日火作寺焚宋史五行志　三年饑宋史五行志　四年熊

入城永嘉火甌江逸志十年十一月大火燔州學酤征舶等務縣治及民居千餘宋史五行志是年樂清東西隅火萬歷舊志十六年大雷電震死六人於龍翔寺宋史五行志十九年饑舊志二十年饑舊志二十四年大饑舊志二十五年冬十月朔有卿雲見於樂清縣東塔之上光耀五色明年王十朋廷對第一萬歷舊志三十二年秋七月颶風大水舊志隆興元年饑舊志乾道元年饑舊志二年夏海門有蛟出水長丈餘既而塔頭陡門水吼三日海上結乳成錢有父老識之曰海將以錢鬻人也至八月十七日颶風挾雨拔木飄屋夜潮入城四望如海四鼓

風回潮退浮屍蔽川存者什一萬曆舊志八月丁亥大風海溢漂民廬鹽塲龍朔寺覆舟溺死二萬餘人江濱髗骼尙七千餘宋史五行志四年八月州大火舊志五年夏秋凡三大風水漂民廬壞田稼人畜溺死甚衆宋史五行志六年五月大水六月大旱宋史五行志九年久旱無苗麥九月火經夕燔縣治及民居七千餘家宋史五行志淳熈六年夏水壞圩田樂清縣溺死者百餘人宋史五行志七年秋貢院火是年試者八千人焚死者百餘萬曆舊志九年自五月至秋七月旱宋史五行志十二年八月火燔城樓及四百餘家宋史五行志十六年秋螟宋史五行志紹興

二年三月大風雨雹田苗樹果蕩盡瑞安壞屋殺人宋史光宗本紀五年八月大水宋史五行志慶元五年六月霖雨至於八月漂民廬多溺死宋史五行志嘉泰四年九月平陽縣火舊志嘉定二年樂清石帆鄉麦雙穗禾重穎粟一莖五穗遂改其鄉曰瑞應萬歷舊志八年五月至八月大旱宋史五行志十四年蝗螣爲災宋史五行志紹定元年六月郡大火燔六百餘家九月燔五百餘家續文獻通攷寶慶元年七月大水宋史五行志淳祐六年十一月郡東門大火燔六百餘家續文獻通攷景定五年紫芝產于平陽儒學舊志咸淳六年瑞安樂清嘉禾異畝同穎宋史度宗本紀

德祐元年十一月永嘉平陽大火三日不滅舊志

元

至元二年蝗元史五行志　五年芝草生於郡城之松臺山狀如連雲文彩煜然舊志　十四年五月永嘉樂清瑞安三縣皆大火舊志　六月颶風大水舊志　十五年大饑舊志　二十九年十一月大火次年正月又大火續文獻通攷　元貞二年大饑九月拱辰門火延燒城市大半續文獻通攷　大德元年七月十四日夜颶風暴雨海溢高二丈壞田四萬四千餘畝屋二千餘區續文獻通攷又元史五行志平陽瑞安水溺死六千餘人　延祐元年八月郡大火自拱辰門延燎大街東向

抵海壇華葢山篦至瑞安門舊志按續文獻通攷作延祐二年八月二十七日七年有紫芝生於樂清儒學大成殿舊志泰定元年夏虹見九頭其色如血秋八月夜地震海溢四邑鄉村居民漂蕩樂清尤甚舊志至正元年大饑舊志四年七月颶風大作漂民居溺死人甚衆元史五行志按綱目是年温州地震九年大雪元史五行志十六年大風海舟皆吹上平陸高坡二三十里續文獻通攷十七年六月癸酉有龍鬬於樂清館頭江中火光如毬颶風急雨海水溢元史五行志二十一年樂清瑞安二縣饑山谷間竹生實如穀民採以食元史五行志二十二年秋八月大風海溢舊志二十七年

十月郡城焚燬大半舊志

明

洪武八年秋七月大風雨海溢永嘉樂清瑞安平陽沿江居民多淹没舊志永樂十年七月巳酉平陽縣獻嘉禾百六十四本四穗者一本三穗者數本明實錄二十一年旱大饑萬曆舊志宣德元年五月永嘉樂清二縣颶風急雨自旦至暮壞廨宇倉庫祀豐壇廟明實錄景泰初泰順縣鵝巢山産靈芝是年始立縣治舊志成化二年正月平陽颶風暴雨山摧平地水高八尺舊志十六年平陽有龍自海起拔神祠民居舊志弘治二年夏六

月永嘉平陽颶風暴雨摧屋折木舊志三年五縣大饑七月平陽南鄉生嘉禾一本四穗舊志七年泰順鶴窠山產靈芝舊志八年二月永嘉縣風暴雹大者如拳小者如鷄子毀屋瓦凡禽獸果實苗麥俱損萬曆舊志十二年四月樂清縣地震生白毛舊志正德元年十二月地震有聲如雷地出白毛長者三四寸舊志三年泰順大旱饑舊志五年永嘉縣大饑舊志七年樂清縣瑞應鄉麥一本五穗六穗餘多三穗四穗舊志十二年四月永嘉樂清二縣地大震生白毛萬曆舊志十三年二月泰順縣大水壞民居萬曆舊志六月永嘉縣大水萬曆舊志嘉靖五

年大旱饑永嘉樂清瑞安三邑尤甚萬曆舊志八年八月大風雨海溢舊志十年五月瑞安縣海潮至有光如炬六月大火八月有黑龍從泥皋起遍天發火傾屋拔木不可勝紀舊志十一年七月二十四日泰順縣雨雹大如拳萬曆舊志十三年七月旱八月颶風大作什溫州衛治及佛寺民居萬曆舊志二十四年大饑萬曆舊志二十五年九月二十日五更瑞安縣天晴月朗海上閃色如金片或曰此乃天花也其年必豐已而果然舊志二十六年泰順縣火延燒官廨鼓樓及民居五百餘家萬曆舊志二十八年冬平陽縣大火十二月朔瑞安縣有龍

自嘉嶼鄉起大雨雹擊死羽蟲無數萬曆舊志三十三年正月瑞安雨雹九月永嘉大水舊志三十六年三月永嘉地生白毛六月樂清盤竹山崩見石劍二七月白虹見中天李用妻一乳三子舊志三十七年泰順七都水井赤如血舊志四十五年正月一日夜分地震生白毛萬曆舊志隆慶二年秋七月大風雨漂沿海民居田地無算萬曆舊志五年夏六月泰順縣二一都水窟中有氣如霧色赤舊志萬曆二年六月大風雨七晝夜永嘉沿溪民多溺死瑞安縣山摧地裂壓人畜八月樂清縣大雨城中水浸半壁萬曆舊志五年八月二十二日未刻日

色正烈忽然天皷一聲五邑俱聞舊志十九年秋八月樂清海溢晚禾盡傷萬歷舊志二十年樂清十九都至二十八都猛虎傷人至百數萬歷舊志二十一年樂清縣旱大饑十月初五日有龍自寒坑經白溪入海雨雹大如碗飛砂走石萬歷舊志二十二年夏六月朔樂清縣趙應雲家乾井中火起如斗大升屋簷遍於庭若霞絳紗蹁躚時跨屋飛入雲中光燭數十里萬歷舊志三十二年十一月九日地震有聲屋瓦有隕地者五邑皆然舊志三十三年十月十四日地大震舊志四十二年秋七月大雨平陽仙壇山崩舊志四十六年東方有白氣如匹

練衝天數月始滅舊志四十七年夏永嘉海水暴長不逾時而落鱗介之屬僵死盈路舊志天啓二年二月瑞安縣落土如飛塵積厚分許九月平陽縣火舊志崇正四年四月大雨樂清西巖寺後山崩八月龍從永嘉江中起循郡城南度松臺山飛石拔木壞城垣及民居數十處舊志九年芝生樂清東塔梓潼帝君座前舊志十二年九月烈日行天樂清山川壇側樟樹落雨數日人以爲樹泣連年日晡時紅光燭天舊志甲申八月十四日酉時瑞安有物如虹首若巨甕半天飛曳而尾各長數丈自西南流入北方墜聲如雷十一月山

羊入郡城舊志

謹按舊志載明弘治十一年八月初九日巳刻有大星自南移東後有光一帶長百丈餘將入海光分爲五聲響轟雷嘉靖五年七月二十四日初昏有星如月見於東方紅光燭天凡三日十二年十一月九日夜星隕如雨三十一年五月五日五更星赤色尾長拖青從西方飛過平陽嶺門前山墜海中其光燭天有聲如礟萬歷五年九月二十八日酉刻天西南見一星從下逆上光芒尺餘漸長數丈後數日移逆中天其影漸滅六年正月十八日夜東方一月上赤色傍有三星大如西瓜上下搖曳忽又合作一星轉黑色復光長三丈餘逾時不見三十五年夏秋之交有星見西南光芒盈四五尺閱兩月乃滅天啟七年樂清縣有星大如斗光焰燭天墜地餘行其聲颯颯然踰時入海崇正十六年八月太白經天甲申正月日光摩盪十月太白經天乙酉五月平陽夜半有星大如斗聲如鐘自西南度東北而沒次晨天紅如血竊意星日之變非止一郡攸關本志闕

國朝

順治三年七月日午天半有物色白大如箕自樂清之南方飛入北空中有聲如雷舊志七年正月五日酉時天裂東南紅光燭地移時始復舊志九年十月四日天雨綿狀如飛絮舊志十六年夏秋大疫舊志康熙四年七月永嘉瑞安各鄉山鳴聲如浪湧八月永嘉露凝樹枝其甘如蜜舊志六年三月虎入樂清城冬瑞安地生白毛舊志七年七月五日大風雨損壞城垣廬舍市可通舟八月永嘉地生白毛舊志九年三月五日樂清雨雹舊志十年七月二十九日大魚起永嘉江中其脊如

山雨日始伏舊志十一年七月二十九日永嘉有白龍見雲端鱗甲朗然可觀閏七月十六日夜有虎入郡城舊志十三年夏龍見舊志二十年春地震夏大旱至秋九月郡城大火燎民舍五千餘家舊志二十一年二月雨豆舊志二十八年泰順縣民林姓妻一產三男縣志三十八年九月大水泰順縣志四十五六年大旱泰順縣志五十一年大水泰順縣志六十年大饑奉文運米賑粥題咨冊雍正二年大水浙江通志八年七月初一日暨二十一日兩次雷雨玉環山衝開一河直通後坺浦口將玉環適

奉

吉展復興建城工轉運石料由新開河直達城下不勞人
力鉅工告成浙江通志十年正月初九日永嘉縣民李天
錫妻林氏一產三男浙江通志是年禾生黑蠅平陽縣志十一
年蟲災平陽縣志是年七月十四日颶風大作壞瑞安營
戰船沉溺官兵林逢春等奉文賑䘏冊題咨乾隆二年
大水明年春奉文運米賑粥冊題咨六年海水溢沿江
田畝淹沒奉文賑䘏冊題咨十五年蟲災九月大水奉
文賑䘏冊題咨十六年大旱奉文賑粥冊題咨十八年旱
奉文給散籽粒二十年泰順縣竹實事實冊二十二年
瑞安縣民梁玉綸年百歲

賜上用緞二疋銀十兩給銀建坊額曰昇平人瑞題咨冊

溫州府志卷之二十九終

甌乘補

（清）黄漢纂

溫州市圖書館藏敬鄉樓抄本

祥異

〔黄鼎管窺輯要〕晉安帝元興元年四月三吳大飢戶口減半臨安永嘉殆盡富室皆衣羅紈懷金玉閉門餓死

〔盧若騰島居隨錄〕宋祥符八年永嘉縣民張保妻一産四男

〔草木子並見野史〕元至正戊子永嘉大風海舟吹上高坡十餘里水溢數十丈死者數千謂之海嘯逾年有方國珍據海之亂

〔宋景濂文集〕至正癸巳大旱民飢于食乙未海寇亂已而

栝蒼匯紀

草木子至正丁酉夏六月温州大水没千餘家

元史胡長孺傳至正丁未浙東大祲戊申無麥民相枕死

永嘉方川何氏宗譜明宏治十一年戊午飢

徐楨卿異林宏治戊午温州泰順　忽有一物橫飛空狀如箕尾如帚色雜粉紫長數丈餘無首吼若沉雷從東南去

永嘉万川何氏宗譜正德十年乙亥大疫

項喬甌東私錄嘉靖乙亥春永嘉溫溪等處秋旱益為虐

又嘉靖二十四年乙巳飢

褚稼軒堅瓠集萬曆辛卯溫州平陽縣農民同時排缺一

家田三畝勃然吾發結穗成熟纔旬日獲有司以為嘉祥
先登國中途之見挑燈菜異
〔泰順劉氏宗譜〕萬曆己亥大旱
〔汲古堂文集〕萬曆丁未五月不雨至閏六月廿八大雨澈
五日夜不止水暴漲一城為壑昆陽三港間居民溺死以
十計至有母子相抱浮屍於江者是歲新都熙縣及姑蘇
間罹患尤慘
漢楷何兆谷大水嘆小序只記丁未無年號兆谷萬曆
閩人考明鑑萬曆元年癸酉至三十四年實丁未也按
嵗水災邵邑志俱失載補錄俟攷
〔朱鴻聽竹閣叢稿〕順治五年秋颶災飢饉

泰順劉氏宗譜順治七年庚寅八年壬辰並飢

滕有盛年譜順治十六年己亥春夏瘟疫大行人死過半

雪川詩注乾隆丁丑六月東山竹花紫色結實如麥——

六十年乙卯郡城七聖廟大樟樹自焚中藏竹木箸無算

經日焚盡

漢按樟中箸何自而來其爲溫俗所謂箸頭神搬運使

然乎人家箸每每漸少必以此故不然巫家厭禳法耳

可怪也

黃挺捍述嘉慶建元丙辰春正月厥肅殺物夏五六月大

旱歉收

元年丙辰秋八月朔颶風爲災是日天陰晡時風雨起入

夜暴烈雨雹交下大於盂大風拔木黑空巨電迅擊江潮衝激咸云蛟鬭比曉雷動旋息壓壞城鄉官民廬舍斃人口牲畜無算時魁制軍閱兵在溫馳奏撫部

漢按陳汝瀛偶記元年八月初一颶災與常是夜二更將盡南方天如裂有大火若輪甫出天際火光進散大風隨至此瑞安航船篙工阿翁在船眼見驚怖莫狀總即顛簸沉没淹斃甚夥時共二十四船一無保全焉其夜南塘民房風災之外若火焦者數十家

又按蘇灣樹經堂詩集嘉慶二年台州風災以溫州潮不到因上游泛溢勢阻也元年風災人耳已熟二年之潮不到里所罕傳因節錄其詩以附識焉詩曰吾衆二

年秋七月耿耿銀河出復没牛女之次三台旁有風鼓自上発穴云云又曰臨曰黄太與寧沿海居民遭蕩析怒聲草從孤嶼止猛勢不回溫溪（原注是日大風而溫州潮不到由上游江溫勢溢也）又敕驍旬宣急命駕丑言不辭道路躓周巡回浦歷章安甌閩村墟一覽衆云云

又按台郡濱海常有颶患考沈懷遠南越志颶風者具四方風也常以五六月發永嘉人謂之風癡黄氏六書故颶海之美風也俗音懊作颶郡邑有草俗名風康草以節驗風是名知風草又名迷陽草見越志又稱林南海有草叢生如蔓土人視其節以占歲之風每一節則一風名迷陽草

三月戊午春及大疫冬大寒人民凍斃甚夥
五年庚申六月颶風
七年壬戌秋九月二十四日雪
八年五月颶風
九年甲子夏秋雲雨傷稼歉收
十年乙丑瘟疫互殤無算
十四年七月溫州颶風大作冬十一月雨紅豆大魚起於
郡西江中如阜
王朝清雨窗瑣錄十六年辛未大旱自五月初亢陽至七
月十一始得大沛早禾無收晚禾蟲食及登場陰雨兼旬
收成甚歉石米四千八百至五千餘七月彗星起自東北

漸移至西南十一月未滅　十月朔夜二更天裂西北其
光燭地有物如斗大色赤滾墜而散聲震如雷
又十八年癸酉秋地震九月十一夜震十二年刻微震二
十四夜又震户壁爲裂環鐵皆鳴人立不能起立是月廿
七廿八廿九夜西南方天紅
〔佘攜雲懷英筆記〕嘉慶二十三年戊寅三月十八晚大雨
如注至二十黎明方止平地水高三尺西山崩陷里許棺
塚蕩没無數
又二十四年己卯六月初八日未申間大雨震雷霹靂一
續而下屋瓦皆飛擊死人三擊斷石牌樓一、三宮殿前自
布坊東門江中同安船桅二擊碎屋柱併什物之家五被

震驚死而甦者十餘人擊死陳芝巖家九歲一小子不知
何過惡尤奇門斗錢選家雷起灶房有几按五尺鐏其一
盛飯餘四空鐏悉擊去半截雷神誠不可測咸以為天怒
是年九月初三下午民間忽傳語本日速宜儲水以備十
日用自明日以後水皆不可食一時城鄉遠近挑水為乾
細究倡語者皆云初三下午有兩人自城中急奔而來大
言官府傳命今夜宜蓄水云云其實官府無此命嗣聞五
邑寧波皆然悉同日起也是年秋冬沙疫流行死亡甚夥
嘉慶二十五年庚辰旱飢是秋颶災郡邑大疫
道光建元辛巳二年壬午疫災
是年十月初民間盛傳雞膀生爪三爪可食四爪五爪不

可食此語自寧紹杭嘉湖傳至處處皆然永儒學錢塘周
小蓮廣文家信來言及杭人竟有食五个雞而死者噫異
矣見余樵雲懷英筆記
三年癸未春霪雨悲禾
五年乙酉六月慧星見東南漸移西南
八年戊子七月十八晡時有大星流度自東而西白氣橫
亙長而且久
施學誠述是月有星赤色由斗杓漸入南斗八月初始出
斗
又丙戌十一月初七日戌刻天裂砉然有聲紅光四燭丁
亥正月十五戌刻有火光一道迤邐燭移時而滅

十年庚寅七月廿三日安溪黄壇石硤地方出蛟大水淙没田廬淹斃人畜無算未水三日前每更後有聲如牛吼人不之備至是水發[illegible]裂山而出沙石並流居民逃避不及惟難彌慘

辛卯六月有番船飄風至磐石洋面漂溺夷民甚夥流失貨物以數萬計

是年夏秋瘟疫五月望後起至六月半不雨勢甚旱暵十九風雷二十至廿三連日大風雨天氣暴戾致成疫癘

六月十七丹陽雷又江南水湖廣水邸報

七月十八九二十日出淡白色或淺藍色絶無紅光精采廿三日色青條尤甚蓋陰盛乘陽此則江廣水患所

由致歟（余想雲峯記作七月十四五六日）

十二年壬辰秋八月二十颶風大雨山鄉江鄉壞田廬人畜洋面漂沒營船連日洪潮入城河水為渾晚禾歉收

是年三十都朱山朱阿東家雄雞生四足兩穀道不能啼阮山陳錫須家牛生一犢兩頭三日方下卅牛與犢俱死

冬臺灣陳辦詹通丙等作亂奉調溫處鎮台兵征勦

年遂平先是彗星見六月杪至七月初旬滅

是冬十月廿二十一月十五大雪虹見

十三年癸巳春夏大疫　六月初十大風潮浸害田禾及塩壇晚禾歉收　茶坑地方毛竹開花白色旋開旋落

十四年甲午大饑石米八千春夏大疫貧民乞丐死於饑
疫者横塞道路日以十百計木棺既缺以一棺殮二三尸
甚至以藁草裹捲出慘形狀不堪觸目實為從來所未見
是年殷富閉糶民困殊甚太守劉公養實移鹽義倉穀糶
濟並倡捐煮賑民賴存活者甚衆

是年六月十七等日颶風大雨　六月廿六夜大星自
東南飛度西北尾拖白氣如練隆然有聲紅光燭地
是年晚禾將熟極其豐茂九十月大雨兼旬風潮冲浸
仍復歉收平陽不啻雨穗亦敗壞無穫瑞化為青
漢紀事詩云凶荒歉歲報災祲水國年來禍更深蛟雨
颶風長鬬陸官山府海不生金飛陰愈結殘棠恨仁術

誰廻大造心 一片和平金石奏中都化作憐愁音 等
攙無計活桑麻草木充糧幾萬家棄于道旁傷苦李隕
軀離落泣乾介乘方溫釀成天變佳節蕭條負物華安
得歲星重守越長教薄海足生涯氏命無緣問碧翁年
時生計已全窮荒底寨月炊烟斷凝食進村照類空挺
走雀符紛點亂椎埋溝壑泣哀鴻開倉何幸逢賢牧勝
繪流圖送帝衷盼得黃雲滿野晴災區容易動歡聲影
蕩颺游翔生氣星浸天田夜不明神概豈真懲過滿農
功竟復收垂成穰穰又負豚蹄祝雨穗徒勞望太平
十五年乙未夏旱秋大風潮漂溺舟師商船無算永瑞在
洋官兵王大成等沒於海暨溺斃永瑞兵丁四十餘人冀

台洋面尤甚山水歉收樂清歉尤甚男婦流亡甚衆郡守劉公懸縣王大成等姓名於叟門遞捆施設賑三日行中請賑恤如例以其歿於王事也

十六年丙申夏大疫

是年樂清大飢男婦流亡由十四五迄年歉收至是遂不可支

十七年丁酉雨暘時若郡邑穀麥俱豐登石米一千二三百至四五百止雜糧尤極賤故老成咸稱大有年是歲冬暖無雪

施學誠云是年歲星守牛斗十一度

十八年戊戌十一月廿三辰初日旁有彩如背弓氣如虹

十月廿四夜星隕東南十二月三十夜微雨天黃色更後

隱有雷聲（是夜東陽等縣大雷雨水盈道路）

十九年己亥秋七月太白晝見（四月初八夜四更天鼓鳴於東南方）

是年五月十五六七日寒雨夜裘　六月十九夜異星見（星如巨燈旁有蒼雲二片如門開闔移時星西流而滅）　七月初一酉刻大雷不雨電後起色白是夜府治東廂戲場人無故驚奔顛仆　十六午後有流星自西南飛八月初八夜雷雨樂清文廟雷擊殿柱十六處雷火焚石禹堂及文虹橋田稻二畝　八月十八九日日色黯淡如靛　九月十五夜雨達旦五更通天紅色　冬雷

二十年庚子春樂清縣七聖廟桂樹花　三月二十七日温台寧海上暴風徹夜漂壞商漁船人口無算閩廣海

洋是日俱有風災俗名閻王暴故老云己百年未見
九月十七甲辰流星夕見西南　九月二十九丙辰流星
夕見東南　十月十九更初大星裂東北横亘如捲蓬火
光遍燭移時光滅餘焰如小星相隨滅散　十一月十四
午後紅雲如杵衝日未申刻
是年七月二十六七日有二星闘於西北　八月十三
日英夷陷定海十六警報至溫沿海戒嚴先是八月十
二更初黑雲如連橋起於東南氣勢甚驗及聞警則知
黑氣起夕正夷船抵寧境日也（明年春英夷以當事大臣有和議之約去而之粤）
二十一年辛丑二月十二有大星摇蕩殞於西南
閏三月霪雨兼旬十六庚午立夏是日大寒夜半霰集沿

江稻秧災傷甚多

是日義烏縣大氷雹暴風拔木壞大厦坊口連及永康

東陽諸邑　五月二十二日夜虹見西方

甌乘拾遺

（清）洪守一纂

清道光二十九年（1849）刻本

祥異

異林宏治戊午泰順縣左有一物横飛曳空狀如箕尾如帚色雜粉紫長數丈餘無首吼若雷從東北去

倭烏木切音渦前漢地理志樂浪海中有倭人分爲百餘國明季我甌最受其害

東甌後記故越王無諸舊宮上有杉樹空中可坐十餘人夏世隆見斷虹飲於宮池漸漸縮小化爲男子著黃紫赤之閒衣而入樹

癸辛雜識至元丙申三月十八日永嘉天雨黑米粒少而多飯可食

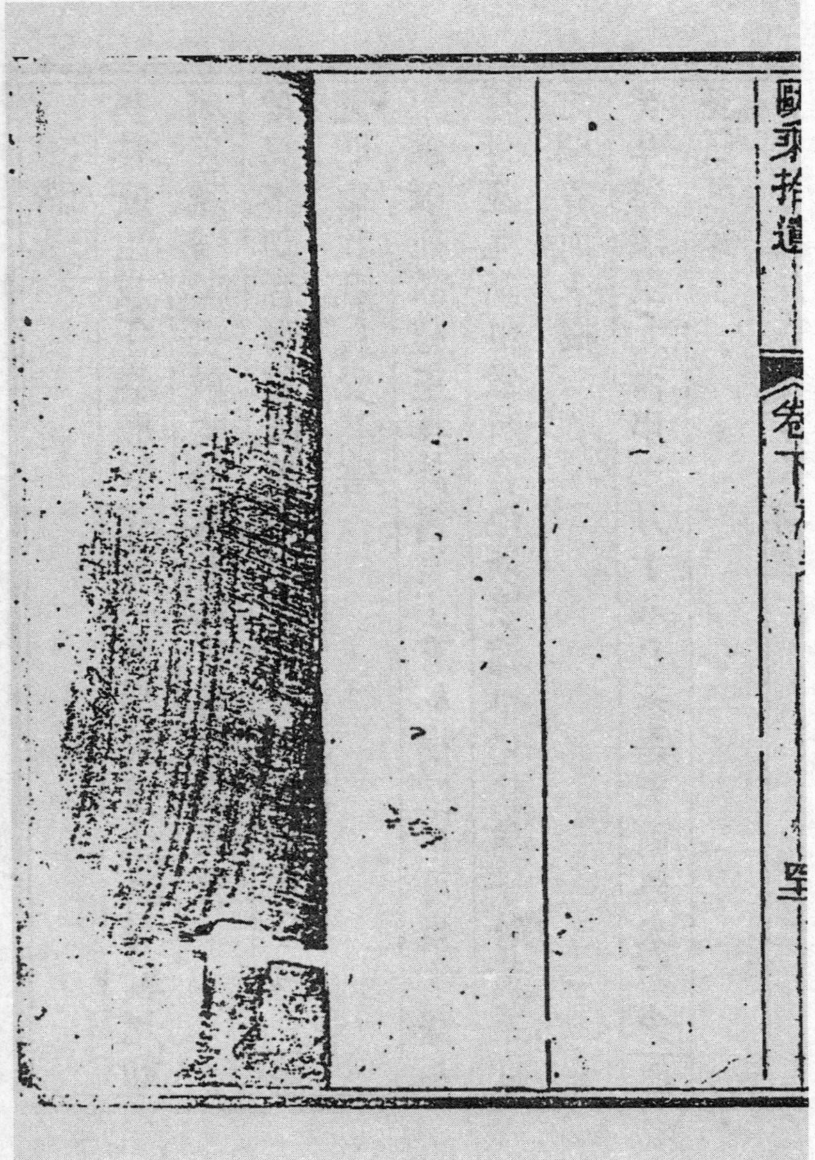

（清）王國泰、鄭廷後修　（清）林占春、周天錫纂

【康熙】永嘉縣志

清康熙二十一年（1682）刻本

祥異

吳三國　赤烏十二年秋白鳩見

晉永平九年海溢　太元十七年夏海溢人民多死

前宋元嘉二十年夏芙蓉二花一蒂　二十一年冬

見黃龍自雲而下太守臧藝俱以聞

唐顯慶元年秋海溢損戶口四千餘　總章二年夏

暴風雨海溢漂民舍六千八百四十三溺殺人九

千七十四牛五百損苗四千一百五十頃　上元

元年大饑長史李皐便宜發官廩賑之

後周 西山南峰有紫芝生於錢令公墓側未幾吳越王歸疆今其處名紫芝峯

宋 太平三年縣民伐木鋸其中有文曰天下太平四字一木鋸[illegible]五板每片皆有之 興國四年秋知州何士宗獻嘉禾九穗圖 淳化五年春知州何士宗獻芝草五本冬又獻十本 咸平間大饑 嘉祐三年春大火燔屋一萬四千間 治平二年大水州大災 紹興二年春戒福寺銅佛像頂珠自動光彩激射經日不停數日火作寺焚 十年

冬大火燔望京門外飛爆延燎州學縣治樵樓閣
元寺及民居千餘　十九年二十年二十四年俱
大饑　三十二年秋大風壞屋覆舟雷震死六人
于龍翔寺　乾道二年秋海門有蛟出水丈餘既
而塔頭陡門水吼三日海上浮錢一老父識之曰
海將驚人也風潮必作矣果颶風挾雨拔木人亡
俱仆忽夜潮入城沉浸半壁人方上屋升木以避
俄而屋漂木沒四望如海及潮退浮屍蔽川存者
什一其山居者雖潮不及亦爲風雨摧壞田禾無

牧詩邑人鄭景望為國子監丞以事奏聞詔遣賑恤　四年秋州火燎大半　九年夏秋俱大風水壞民廬田稼人畜溺死甚衆　六年夏又大水

淳熙七年秋貢院灾試者死百餘人　十二年秋火焚城樓及民居四百餘　十六年秋螟大饑

慶元五年秋水漂民廬人多溺死　嘉定八年大旱　十四年旱蝗為災　紹定元年夏火焚六百餘家秋洗馬橋至鳳池又延燎五百餘家　嘉熙四年饑　六年縣署灾　淳祐六年冬八字橋火

延燎六百餘家　七年春又火延燎五百家　十一年冬東門火起延燒六百家　景定四年冬通道橋火起延燒九曲并精善王廟　咸淳戊辰秋禾有異畝同穎鄉兪汪亞夫以聞　德祐元年冬潰卒從火起應道觀三日滅

元

至元甲午有芝草生於松臺山下浣紗溪磧傍徐氏舍　二年蝗　十五年大饑　三十年春新河街火起延至社壇巷　元貞二年饑秋拱辰門火延燎城市大半　延祐元年秋拱辰門飛爆入城

延燒人街東向抵海壇華蓋山積穀山下至瑞安門而止　四年饑　天定元年夏虹見九頭色如血秋夜地震海水溢入城　至正元年大饑　四年秋颶風作地震海溢民居漂蕩溺死者甚衆　五年夏饑大疫　十二年秋來福門火燔淨光寺幷塔崇德寺大來橋數百家　十六年大風海舟漂上平陸高坡二三十里人死者千數　二十一年秋大風海溢　二十五年秋雄鷄生卵殺之其腹中有子纍纍然　二十七年冬大兵至城內焚

燬民居大半

國朝洪武三年冬康樂坊火燔至東門數百家　六年秋百里坊火燔數百家　八年秋大風潮海溢溺死官軍民人二千餘詔遣賑恤　永樂二十一年秋至明春不雨晚禾無收早秧不能下種民大饑草根木皮食盡死者枕籍于道　宣德癸丑春郡守何文淵進諸生講經於明倫堂有群蜂夾一巨蜂飛集楹間聲鬧如雷守曰群蜂中之有巨蜂猶諸士有巨儒爲之領袖此來科狀元兆也明科周

旋果中狀元　弘治二年夏大風雨自東北來聲如雷摧屋拔木損禾稻　三年大饑　八年五月開元寺舍有芙蓉發花百餘朶時邑人王瓚讀書於此是秋舉省試第三明年及第　九年春大風起西北吐哨而南俄頃黑雲蔽天暴雹隨至洊澼若蘗然踘躍聲大者如拳小者如鷄子毀屋瓦傷禽畜禾實盡落麥苗俱仆　十一年秋有大星自天南而東聲震如雷光百餘丈將及海分而爲五

正德二年秋地震　五年大饑　十二年夏地震

生白毛。嘉靖間海中忽湧數山，矗如奇峰，聯如疊巘，隱見不常，移時城郭臺榭，驟變倏起，如衆大之區數十萬家，魚鱗相比，中有浮圖宮殿，層牙歷歷，又少時或立如人，或散如獸，或列若旌旗之飾，甕盎之器，詭異萬千，日近晡始漸滅，父老相傳以爲蜃氣。（見之碩誇集廣輿記及[illegible][illegible]林景熙蜃說亦載）五年大旱饑。八年秋大風雨海溢。十二年冬夜星隕如雨。十三年夏不雨，尹府琥虔禱弗應，及秋有繫獄者稱龍母於[illegible]孫謂請母則得雨，如其議，迎龍母抵山川壇併負於向勿展衆望雨久不至强展旗風雨忽大作白龍起舞于半空嘖嘖有聲衛治開元佛殿與民廬喬木多拔仆惟山川壇龍母寨前二燭不滅咸異之　二十四年大饑殍殣載道攘奪公行閩段蘖侍書致斃郡守洪垣擒首惡者捶殺之　三十三年秋大水溪鄉民多溺蕩沒田地數千畝　三十六年春地生白毛　四十年夏大風雨毀縣學廟門及民廬舍　四十五年春元旦夜地震既日地生白毛　隆慶二年秋大風雨蕩沒

溪鄉禾稼　萬曆二年夏大風雨偃没禾稻兩月連水三次城中可通舟揖江溪之民溺死者衆　三十二年冬地震有聲屋瓦多落　三十四年夏雨雹大者如斗　三十五年夏秋之交有星見西南光芒盈四五尺閱兩月乃滅　四十七年夏海水暴長不逾時輒退鱗介之屬僵死盈路　崇禎四年秋江中龍起循郡城南度松臺而去飛石拔木壞女墻及民居數十處　十一十二十三年每日晡時紅光燭天　十六年秋太白經天　十七

年春日光摩盪冬太白再經天又山羊入永寧門
城内民家
皇清順治七年春天裂東南紅光燭地移時始復秋有
鬼聲如鳥過處鳴三晝夜白彘何兆龍遂就擒
八年春饑秋地震　九年夏太白經天冬雨綿又
妖星見西方　十年小州橋火起延燒譙樓　十
六年夏大疫死亡甚衆　十八年冬河氷可步
康熙四年秋露凝樹枝味苦如蜜　七年春西方
白氣如練長數丈更時漸隱夏地震　金星晝見秋

大風雨拔縣學明倫堂及積穀亭飛石柱於城外壞廬舍樹木岸可通舟四五日方涸 八年秋地生白毛 九年冬大雨雪 十年夏鎮海門外有海魚隨潮入背負芒刺如鋸立逾時退秋蝗 十一年秋虎入拱辰門內官兵射殺之虎爲兵戈象越二載閩逆變閩民遭荼毒者幾三年後逆伏誅 十二年秋譙樓南向石磚隙中忽生西瓜無水自長發花結實滋蔓藤葉至數尺其瓜如拳 十三年夏龍見蟄亦甲兵之兆是歲[illegible]賊盤踞連年戕殺 十七年夏颶風拔縣學東廊儀門及民居 二十

年春地震夏大旱至秋不雨九月東北小美巷火起延燎東西南共十二總民舍五千餘　二十一年春正月故明少師張孚敬第災舊址廣一百餘畝高厰閎麗東南罕觀今煨燼止存書論樓及後亭書院二月山鄉雨荳狀如小白荳稍扁而淨

【光緒】永嘉縣志

（清）張寶琳修　（清）王棻、孫詒讓纂

清光緒八年（1882）溫州維新書局刻本

永嘉縣志卷之三十六

襍志一

志地及於庶政備矣然不有志之餘乎天文五行史家列各志之首而志體與史不同往往以祥異附各門之後舊志別爲一門湯志與兵事並列今取以冠襍志次耆壽昇平之人瑞也而舊志略焉則補錄之次方外寺觀吾道之駢拇枝指也次遺聞瑣記足以供顯掃佐麈談因舊志而增損之者也次存疑辨誤糾正前人之疎略不能已於言者也其不必存而慭存之者爲附錄本志刋既竣而續有所得者爲補遺統名爲襍志云

祥異

休徵咎徵著於洪範至漢劉向父子必求其事以實之或多傅會不知天道遠人道邇子產嘗言之矣地志之有祥異第存其事而不言休咎慮其惑也永嘉舊有白鹿黃龍芝草嘉禾之瑞近代以來不聞有是豈當時好尙使然耶若夫旱潦偏災疫癘間作則思以人事補救之有土有民者不得盡諉之氣數也今稽歷代五行志補舊志之缺軼並糾正其訛舛者而益以見聞所及著之於篇然自乾隆庚辰以後至今百二十年父老傳聞不過如是其放佚亦不少矣

晉

惠帝永平元年海溢（萬曆府志）

明帝太寧元年初立永嘉郡時方建城有白鹿銜花遂名其城爲白鹿城（萬曆府志）

孝武帝太元十七年六月永嘉郡潮水湧起近海四縣人多死者（晉書孝武紀及五行志）按萬曆府志載六月颶風暴雨海溢

安帝元興元年三吳大饑戶口減半會稽減十三四臨海永嘉尤甚富室皆衣羅紈懷金玉閉門相守餓死（通鑑晉安帝紀）

宋

文帝元嘉二十年夏永嘉郡後池芙蓉二花一蒂太守臧藝以聞（宋書符瑞志）

元嘉二十一年十月己丑永寧見黃龍自雲而下太守臧藝以聞（宋書符瑞志）

唐

高宗顯慶元年九月庚辰括州海水泛溢安固永嘉二縣損四千餘家（唐書高宗紀）

總章二年六月戊申朔括州大風雨海水泛溢永嘉安固二縣城郭漂百姓宅六千八百四十三區溺殺人九千七十牛五百頭損田苗四千一百五十頃遣使賑給（唐書

高宗紀）

上元元年郡旱饑長史李皐攝行州事發官粟數十萬斛賑之（唐書李皐傳）

睿宗文明元年十月大水漂流四千餘家（唐書五行志）

文宗開成四年饑（文獻通考）

五代後周

世宗顯德三年紫芝生於永嘉之西山（十國春秋吳越世家）永嘉西山南峰有紫芝生於錢令公墓側未幾吳越王歸疆今其處名紫芝峰（萬曆府志）

宋

太宗太平興國四年九月知温州何士宗獻嘉禾九穗圖（宋史五行志）

咸平三年永瑞俱大饑（萬厤府志）

八年州民李遇妻一產三男（宋史五行志）

湻化五年二月守臣何士宗獻芝草五本十月又獻十本（宋史五行志）

真宗大中祥符元年四月獻瑞竹圖十月獻靈芝圖（宋史五行志）

八年永嘉縣民張保妻一產四男（盧若騰島居隨錄）

仁宗嘉祐三年正月郡大火燔屋一萬四千間死五十人

（宋史五行志）

英宗治平二年八月永嘉颶風大水州大火（萬曆府志）按（宋史）治平三年正月己卯溫州火燒民屋萬四千間死者五十人事與嘉祐同疑有一誤

神宗熙寧九年七月颶風大水（舊府志）

十年七月大風雨漂城樓官舍（宋史五行志）

徽宗政和三年火（宋史五行志）

高宗建炎三年大風壞屋覆舟（宋史五行志）

紹興二年戒福寺銅佛像頂珠自動光彩激射經日不少停數日火作寺焚（宋史五行志）

三年天旱地震知溫州軍事洪擬以聞（名臣奏議）

十年十月十七日火起望京門外飛爆延燎譙樓開元寺（萬曆府志）十一月丁巳大火燔州學酤征舶等務永嘉縣治及民居千餘（宋史五行志）

十六年大雷電震死六人於龍翔寺（宋史五行志）

十九年秋旱大饑（浪語集）

二十年大饑（水心集）

二十四年饑（水心集劉子怡墓誌）

三十二年七月戊申大風壞屋覆舟（宋史五行志）大水（舊府志）

孝宗隆興元年大風饑（舊府志）

二年大旱草根木實俱盡（水心集劉子怡墓誌）

乾道元年二月寒敗首種損蠶麥（宋史五行志）

二年八月丁亥大風雨海溢漂民廬鹽場龍翔寺覆舟溺死二萬餘人江濱胔骸尚七千餘九月遣官案視水災振貧民決繫囚（宋史五行志）按舊志是年夏海門有蛟出水長丈餘既而塔頭陡門水吼三日海上結乳成錢有父老識之曰海將以錢驚人也至八月十七日颶風挾雨拔木飄屋夜潮入城四望如海四鼓風回潮退浮屍蔽川存者什一（宋史）乾道二年八月辛未朔丁亥正十七日也

四年八月州大火（舊府志）

五年夏秋凡三大風水漂民廬壞田稼人溺死者甚衆十月振被水貧民以守臣監司失職降責有差（宋史五行志）

六年五月大水六月大旱（宋史五行志）

九年久旱無苗麥秋饑（宋史五行志）是歲九月火經夕燔縣治及居民七千餘家（舊府志）

淳熙六年秋水壞圩田（宋史五行志）

七年八月試士火作於貢闈（宋史五行志）是歲秋貢院火應試者八千人焚死者百餘（萬曆府志）

九年夏秋旱（宋史五行志）是歲自五月至秋七月旱（舊府志）

十二年八月火燔城樓延及四百餘家（宋史五行志）

十六年秋螟（宋史五行志）

十六年大饑春田無力耕種湯守碩給官米借田主與佃戶通田（萬曆府志）

光宗紹熙元年六月五日永嘉監前火延燎六百餘家九月二日洗馬橋火起雁池止延燎五百餘家（萬曆府志）

三年三月癸酉大風雨雹大如桃實平地盈尺壞廬舍五千餘家禾麻菜果皆損（宋史五行志）

五年八月大水（宋史五行志）

寧宗慶元五年秋水漂民廬人多溺死（宋史五行志）是歲六月霖雨至八月（舊府志）

嘉定八年春夏旱甚（宋史五行志）按舊志作嘉泰八年五月至八月大旱誤

十四年旱蝗螣爲災（宋史五行志）按舊志又作嘉泰誤

理宗寶慶元年七月大水（宋史五行志）

紹定元年六月郡大火燔六百餘家九月燔五百餘家（續文獻通考）

淳祐六年十一月郡東門大火燔六百餘家（續文獻通考）

寶祐元年七月庚寅大水詔發廩振之（宋史五行志）

三年五月二十二日大來橋火起延燔九曲巷弁崇德寺（萬厤志）

度宗咸淳初永嘉海壇嶺下江沙忽漲人以爲異先是有童謠云海壇沙漲溫州出相未幾陳宜中大拜（萬厤府志）

四年七月禾有異畝同穎郡守王亞夫聞於朝有旨陞溫州爲瑞安府增額四員（萬厤府志）

恭宗德祐元年十一月初六日夜趙與擇潰軍縱火起應道觀巷三日不滅（萬曆府志）

元

世祖至元五年芝草生於郡城之松臺山狀如連雲文彩煜然（舊府志）

十四年五月大火六月颶風大水（舊府志）

十五年大饑（舊府志）

二十八年春颶中雨土（林霽山集有雨土詩）

二十九年十一月大火次年正月又大火（續文獻通考）按（癸辛雜志）至元丙申三月十八日（永嘉）天雨黑米粒小而多飯可食攷至元無丙申或至正之誤附識於此

成宗元貞二年大饑九月拱辰門火延燒城市大半（續文獻通攷）

大德元年七月十四日夜颶風暴雨海浪高二丈壞田四萬四千餘畝屋二千餘區（續文獻通攷）

仁宗延祐元年八月郡大火自拱辰門延燒大街東向抵海壇華蓋山麓至瑞安門（舊府志）（按續文獻通攷作延祐二年八月二十七日）

泰定帝泰定元年夏虹見九頭其色如血秋八月夜地震海溢（舊府志）

文宗至順二年栝蒼山中秋水暴溢被郡境颶風激海水相輔爲害隄傾路圮亭隨仆永和鹽倉亦圮水怒未已

且將破廬舍敗城郭（見黃文獻溍永嘉縣重修海塘記）

順帝至元三年六月蝗（元史五行志）

六年大旱（府志仙釋傳）

至正元年夏饑（元史五行志）

四年七月颶風大作海水溢漂民居溺死者甚衆（元史五行志）

五年夏温州饑（元史五行志）

按綱目是年温州地震

八年永嘉大風海舟吹上高坡十餘里水溢數十丈死者數千謂之海嘯其後方國珍據海爲盜屢犯永嘉死兵刃之下者無算（七修類藁續文獻通考）

九年三月大雪（元史五行志）

十二年七月初七日夜來福門內火燔淨光寺并塔崇德寺大來橋數百家（萬厯府志）按舊志在泰定四年條下泰定無十二年疑卽至正

十三年大旱民鬻子食（宋景濂文集）

十七年夏六月温州大水沒千餘家（草木子）按元史五行志至正十七年六月癸酉温州有龍鬬於樂清江中颶風大作所至有光如毬死者萬餘人

二十二年秋八月大風海溢（舊府志）按舊志作至元恐悞

二十五年饑（萬厯府志）

二十七年十月火城內焚燬大半（舊府志）按舊志作至元恐誤

明

太祖洪武八年秋七月大風雨海溢沿江居民多淹沒（舊府志）

二十一年旱大饑（萬曆府志）

成祖永樂二十一年自秋至明春不雨晚禾無收旱秧亦不能下民大饑草根木皮食之殆盡死者枕藉於道（萬曆府志）

宣宗宣德元年五月永嘉樂清颶風急雨壞公私廨宇及壇廟（明史五行志）

宣德間海壇沙復漲邑人黃淮大拜（萬曆府志）

六年六月颶風大作壞公廨祠廟倉庫城垣（明史五行志）

憲宗成化二十二年九月旱（明史五行志）

孝宗宏治二年六月初七日夜颶風挾雨自東北來聲如怒雷摧屋折木禾稻損十之四（萬厤府志）

三年大饑（康熙府志）

八年二月壬申暴風雨雹大如鷄子小如彈丸積地尺餘白霧四起毀屋殺黍禽鳥多死（明史五行志）

十一年饑（方川何氏譜）

武宗正德元年十二月地震有聲如雷地出白毛長者三四寸（溫州府志）自元年冬至二年春麥穗桃李實其冬永嘉花盡放（明史五行志）

五年饑（萬厯府志）

七年嘉興金華溫台寧紹乏食（明史五行志）

十年大疫（方川何氏譜）

十二年四月永嘉樂清二縣地大震生白毛（萬厯府志）

十三年六月大水（萬厯府志）

十六年大旱（府志仙釋傳）

世宗嘉靖初海壇沙漲永嘉張孚敬大拜（萬厯府志）

五年大旱饑永嘉瑞安樂清三邑尤甚（萬厯府志）

八年春多虎爲害（萬厯府志）

八年八月大風雨海溢（舊府志）

十三年七月旱八月颶風大作仆温州衛治及佛寺民居（萬厤府志）

十八年春淫雨苦農秋旱魃爲虐（項喬甌東私録）

二十三年三月十八日大雨雹至四月間大旱五月初郡守祈雨不應十七日迎龍母於蒼山晚大雷雨十八十九二日連雨（岐海瑣譚）

二十四年大饑（萬厤府志　甌東私録）

三十三年九月大火（舊府志）

三十三年九月大水溪鄉居民多淹没蕩去田地數千畝（萬厤府志）

三十六年三月地生白毛（舊府志）

三十七年秋八月府門兩廊清軍理刑廳火（萬曆府志）

四十年夏六月大風雨拔仆永嘉縣學廟門及民房（萬曆府志）

四十五年正月一日夜分地震生白毛（萬曆府志）

穆宗隆慶二年秋七月大風雨漂沿海居民田地無算（萬曆府志）

神宗萬曆二年六月大風雨七晝夜沿溪民多溺死（萬曆府志）

三年大旱（劉氏譜）

五年八月二十二日未刻日色正烈忽然天鼓一聲五邑俱聞（舊府志）

十七年七月己未杭州紹興温州地震（明史五行志）

三十二年十一月九日地震有聲屋瓦有隕地者五邑皆然（舊府志）

三十三年十月十四日地大震（舊府志）

三十五年五月不雨至閏六月二十八日大雨徹五日夜不止水暴溢一城爲壑昆陽三港間居民溺死以千計至有母子相抱浮屍於江者（何白汲古堂文集）

四十二年秋七月大雨（康熙府志）

四十六年東方有白氣如匹練衝天數月始滅（舊府志）

四十七年夏海水暴長不逾時而落鱗介之屬僵死盈路

（舊府志）

莊烈帝崇禎四年八月龍從永嘉江中起循郡城南度松臺山飛石拔木壞城垣及民居數十處（舊府志）

國朝

順治五年秋颶災饑饉（宋鴻瞻竹園彙稿）

七年正月五日酉時天裂東南紅光燭地移時始復（舊府志）

是年饑（劉氏譜）

九年十月四日天雨綿狀如飛絮（舊府志）

十六年春夏秋大疫（舊府志）

康熙四年七月各鄉山鳴聲如浪湧八月露凝樹枝其甘

如蜜（舊府志）

七年七月五日大風雨損壞城垣廬舍市可通舟八月地生白毛（舊府志）

九年饑（劉氏譜）

十年七月二十九日大魚起永嘉江中其脊如山兩日始伏（舊府志）

十一年七月二十九日永嘉有白龍見雲端鱗甲朗然可觀閏七月十六夜有虎入城（舊府志）

十二年秋譙樓南石磚隙中忽生西瓜無水自長藤葉滋蔓數尺發花結實瓜大如拳（康熙府志）

十三年夏龍見（舊府志）

二十年春地震夏大旱至九月城中大火燎民舍五千餘家（舊府志）郡守徹署門額投煙焰中火始息（金璋瀫芳齋卮言）

二十一年二月雨豆（舊府志）

六十年大饑奉文運米賑粥（浙江通志）

雍正二年大水（浙江通志）

十年正月初九日縣民李天錫妻林氏一產三男（浙江通志）

乾隆二年大水明年春奉文運米賑粥（舊志）

六年海水溢沿江田畝淹沒奉文賑䘏（舊志）

十五年蟲災九月大水奉文賑䘏（舊志）

十六年大旱奉文賑卹（舊志）

二十二年六月東山竹花紫色結實如麥（曹川詩注）

六十年郡城七聖廟大樟樹自焚中藏竹木箸無算經日焚盡（甌乘補）

嘉慶元年春正月嚴霜殺物夏五六月大旱歉收（黃挺柟述）

秋八月壬寅朔颶風爲災是日天陰晡時風雨起入夜暴烈雨雹交下大風拔木電掣潮激或云蛟鬬比曉方止壓壞城鄉官民廬舍斃人口牲畜無算時魁制憲閱兵在温馳奏撫卹（秦陳汝讓偶記元年八月初一颶災異常是夜二更將盡南方天裂有大火若輪甫出天際火光迸散大風隨至舩船沈沒甚夥其夜南塘民房被風壞者門戶皆有燒痕見（甌乘補）下同

三年春夏大疫冬大寒人民凍斃甚夥

五年六月颶風

七年秋九月二十四日雪

八年五月颶風

九年夏秋霪雨傷稼歉收

十年痘疫

十四年六月初六初七兩夕颶風十一月西門外江有大魚無鱗皮黑肉紫約十餘丈或云海鰌肉重數萬觔

十六年春正月元旦大雪三日二月二十三日地震自三月至夏四月大霖雨五月至秋七月大旱早禾盡槁晚

禾有螽及登場時陰雨兼旬升米錢六十民大饑（茶話軒詩）

集注

十八年九月十一夜地震十二日午刻微震二十四夜又震戶壁爲裂環鐵皆鳴（王朝清雨窗瑣錄見甌乘補）

二十三年三月十八日晚大雨如注延至二十日黎明平地水高三尺西山崩陷里許（余懷英筆記）六月廿九日大風拔木（甌江逸志）

二十四年六月初八日大雨震電不止屋瓦皆飛擊死三人壞石牌坊一碎同安船桅二驚死復甦者十餘人（余懷英筆記）七月十六日驟雨狂風（甌江逸志）

二十五年旱饑是秋颶災郡邑大疫

道光元年疫八月大水二年又疫民間盛傳雞膀生爪三爪可食四五爪不可食食之殺人

三年春霪雨害禾（陳乘補下同）

十年七月二十三日安溪黃壇石碳起蛟裂山而出沙石飛走漂沒田廬淹斃人畜無算（未水前三日更後有聲如牛吼或謂蛟鳴也）

十一年夏秋瘟疫（五月不雨至六月旱甚十九日風雷二十至二十三連日大風雨天氣暴沴致成癘疫）

十二年秋八月二十日颶風大雨壞田廬人畜洋面漂沒營船連日洪潮入城河水爲渾晚禾歉收三十都朱山

朱阿東家雄雞生四足不能啼阮山陳錫項家牛生一犢兩頭三日方下母牛與犢俱死十月二十二日十一月十五日大雪虹見

十三年春夏大疫六月初十日大風潮害禾荼坑貓竹開花白色旋開旋落

十四年春夏大疫大饑石米八千死於饑疫者日以十百計無棺則以藁裹之情形極慘劉太守煜移鹽義倉穀濟之並捐賑活民甚衆六月十七八等日颶風大雨二十六日昏夜大星自東南飛度西北白氣如練隆然有聲紅光燭地九十月之交大雨兼旬風潮沖沒晚禾歉

收

十五年夏旱秋大風潮漂溺舟師商船無算官兵王大成等領兵四十餘人沒於海田禾歉收

十六年夏大疫

十九年四月初八夜四更天鼓鳴於東南方五月十五六七等日寒雨衣裘冬雷

二十一年閏三月十六庚午立夏大寒夜半雨雹傷禾

二十三年五月縣學署芙蓉開花閏七月大水入城八月風災晚禾歉收

二十六年春夏大疫無雨六月十四日地震七月十四日

颶風大雨兼旬爲災壞永嘉文廟及公廨民居秋冬瘧痢流行

二十七年秋颶風爲災大疫晚禾豐收

二十八年四月初八夜大雨雹大者如雞子麥穗被折是年旱禾豐收米石一千六百

二十九年五月七都張家地噴血如流郡城康寧巷吳家地亦同日噴血染人手足兩三日方滌去

三十年痘疫童稚多殤（軼事隨筆）

咸豐三年三月十七日夜地震六月十七至二十六日大雨十晝夜水溢街衢壞廬舍鄉村尤甚早禾已熟不能

登場穀價踴貴二十六日夜龍潛村山圮覆屋傷一十九人（新纂 下同）

五年七月初八夜颶風發屋折木八月初十日颶風亦如之幸田禾無損

同治元年二月初四日十六都下鄭村民家地出血

四年正月十六日夜風雪中雷電交作

九年三月初七日午刻永場張象麒鄰家婦被雷殛後二日天降紅雨簷溜如血簷下有浣衣盂衣皆染赤揭衣出水仍如故逾二刻溜止盂水漸淡

十三年八月初四日三十都村民家雷震死四人

光緒元年二月二十五日府學巷民家有豕生象色灰白無毛逾時而斃

五年六月二十一日未刻大風雨壞官廨民居一炊許風北蓋龍風也冬暖桃李花

七年七月十八夜半大風毀垣拔木早晚二禾俱豐收

【光緒】樂清縣志

(清)李登雲、錢寶鎔修　(清)陳珅等纂

民國元年(1912)高誼校印本

樂清縣志卷十三

災祥

震電繁霜固爲災懼其爲災災轉爲祥矣嘉禾福草固爲祥恃其爲祥祥反爲災矣災與祥各以類至尤當觀其終曾何定之有

晉

太元十七年夏六月颶風暴雨海溢人多溺死府志四縣

唐

文明元年七月大水唐書五行志

開成四年饑文獻通考

宋

紹興十年東西隅火　庚午七月十六夜山月初吐有長虹見於西厥光白人以爲白虹而異之予謂是虹之異在時不在色虹見於晝蓋影日而成色宜青紅或白則爲異其見於夜也影月而成白乃其宜耳然虹多見於朝暮間在乎欲晹欲雨之際未有影月而見於夜者茲其所以爲異與姑志之以俟能言災異者辨梅溪雜著

二十六年冬十月朔景雲見東塔上光燿五色明年丁丑王十朋廷對第一府志誤作二十五年

乾道二年夏海門有蛟出水長丈餘既而塔頭陡門水

吼三日海上結乳成錢有父老識之曰海將以錢齎人也秋八月十七日颶風挾雨拔木飄屋夜潮入城四望如海四鼓風迴潮退浮屍蔽川存者什一康熙志一父老識海錢之異繫舟於屋里人笑之既而一縣盡漂其家獨得免

淳熙六年夏大水壞圩田溺死百餘人宋史五行志

嘉定二年石帆鄉麥雙穗禾重穎粟一莖五穗遂改其鄉曰瑞應

咸淳六年嘉禾異畝同穎宋史度宗紀

元

至元十四年夏五月大火

延祐七年紫芝生於儒學大成殿　十一月樂清邛天祐搆室作上梁文告天是日寅刻天晴几上霜華盡作松檜水石之狀時以爲異有刻文隆慶志

泰定元年夏虹見九頭赤如血秋八月地震海溢漂蕩廬舍溺者無算康熙志是年望萊橋居民徐景遂一罾獲九鯉比至水面復一鯉躍入皆長二尺許八月二十七日風潮大作望萊橋壞其家九人皆溺惟景遂得免未幾亦病卒

至正十七年夏六月癸酉龍鬬館頭江中火光如毬颺風急雨海水溢元史五行志　二十一年饑山谷间竹生實如穀民採以食元史五行志〔按〕康熙志自元以上紀祥不紀災今據省府志所載補列於右

明

洪武八年秋七月大風雨海溢沿江居民多淹没

宣德元年夏五月颶風急雨自旦至暮壞廨宇倉庫祀豐壇廟明實錄

成化二十二年夏五月不雨至秋七月大饑

宏治三年大饑五邑同康熙志民糴米於杭不勝其苦　十二年夏四月地震生白毛

正德七年瑞應鄉麥一本五穗六穗其三穗四穗者尤多康熙志有藏甌序郡守以聞獻麥民萬尚光年老賜壽官　十二年四月地大震生白毛

嘉靖三年冬無水　五年大旱饑秋七月二十四日初昏有星如月見東方赤光燭天凡三日（又康熙志嘉靖十年彗星見西方未詳所居宿度）　十二年大火自街西延及街東民居坊表多燬　十三年冬十月星隕如雨十二月震雷雨雹

二十三年夏東西鄉樟樹皆結實如棠梨而不可食

二十四年夏無麥民大饑　二十六年春三月有野牛浮海至李家輿鄔輿人殺而食之夏六月颶風大雨壞民居傷禾稼（按隆慶志有白毿似牛而白蓋入江則兆水野牛疑即白毿）竹山崩見石劍二（康熙志或曰此兵兆也明年海上倭大亂）秋七月白虹見中天八月邑民李用妻一產三男冬十有二月南

陶徐博家野豕入笠生子羊蹏而人身府志鑄作三十六年

二十七年夏六月不雨大饑

隆慶二年秋七月大風雨海溢漂沿海民居田地無算次年又如之於是三江大嵩前塘及能仁寺塘盡壞

萬歷二年秋八月大風雨水浸城半壁　五年秋八月二十二日未刻天鼓鳴五邑俱聞　十九年秋八月海溢禾盡沒　二十年山門鄉十九都至二十八都虎傷人數百　二十一年夏六月不雨至秋九月大饑冬十月五日龍出寒坑由白溪入海雨雹大如碗砂飛石走　二十二年夏六月朔初昏火出智井中府志趙應雲家乾井中火起如斗大漸升至屋檐若覆絳

紗於庭踰時跨屋北飛入雲中光燭數十里

二十五年秋七月庚寅朔雷燬黃華鎮臺垣及火器明史五行志（按康熙志是年峽門趙氏墓桃樹結實半爲李其孫嗣薦領鄉薦附識於此）

三十二年冬十一月九日地震屋瓦有隕地有聲者五邑皆然

三十三年冬十月十四日地大震

四十六年東方有白氣如匹練衡天數月始滅

天啟七年秋七月有星大如斗光燄燭地徐行自北而東有聲颯颯然南入於海

崇禎四年夏四月十五日淫雨連日不止十七日湖上奥西巖寺後山崩壓斃四人

九年芝生東塔院梓潼神座前

十二年秋九月赤日行天山川壇樟樹雨數日人以爲

樹泣（府志連年日嘯時紅光燭天）

國朝

順治二年秋八月九日大水壞北門城橋二所漂民居田禾溺死數十人　三年秋七月日午空中有物（色白大如箕）自邑南飛入北方聲如雷　八年寇警民饑斗米錢五百（鹽價亦然）路多餓莩　十四年縣東西兩山虎嘯連月次年海寇陷城燒刼殆盡　十六年春大疫

康熙二年東西鄉患虎傷人數百　六年春三月虎入城（官發兵用砲斃之嗣後虎數入城）　七年夏六月大風雨秋七月大水害稼　九年三月五日雨雹殺麥冬十有二月恒

雨雪二十一日至二十七日平地三尺　十年夏六月螽早禾將刈忽生青蟲三日夜禾穗甚墮田中芙蓉村尤甚　二十年春地震　二十一年春二月雨豆　六十年大饑奉文運米賑粥

雍正元年夏大旱民饑見徐炯文癸卯志悼詩　二年秋七月大水　四年秋七月恒雨

乾隆二年大水明年春奉文運米賑粥　十五年螽秋九月大水奉文賑卹　十六年大旱奉文賑粥　十八年旱奉文給散籽粒　四十六年春三月十六地震　五十二年秋七月晦日大水五邑同　五十五年夏六月大水二十二都宋子興屋壞溺死十餘人秋八月二十四日地震

五十六年夏六月二日雨赤水秋九月八日霞雷雨雹

五十七年春三月十二夜地大震　五十八年春正月

雨豆　六十年冬十有二月桃樹實

嘉慶元年春正月九日隕霜木氷寒甚殺菜麥至二月菜麥復生秋八月

朔颶風大雨夜五鼓電光燭天赤如火壞城垣廨宇

廬舍無算壓斃者以百計奉文賑䘏　二年秋七月

十八日大水淹田禾　十年夏四月横湖柯家牝雞四

足　十一年夏五月四日雨雹　十二年春三月旱夏

五月又旱　十三年春不雨夏四月四日隕霜歲饑

十四年冬十有二月五日雨豆　十五年春雨土三月

二十三夜震雷雨雹殺麥　十六年春二月二十三日地震夏大旱秋螽沿海田禾無收是年八月彗星見西北芒長丈餘閱三月始滅　十七年春夏大饑穀每石二千四百文民掘山粉爲食餓殍無算及臺米至民稍續食是年冬十月二十日晡時有物狀如鳥尾垂如髮閃色金碧自西南騰飛隕太平市前橋下化爲石聲若雷鳴　十八年秋不雨冬十月二日地震有聲十有一月始雨　二十年秋九月十一夜半地大震越十日復震　二十一年秋八月朔潮大至漂沿海田禾　二十二年冬十月山門鄉桃樹實　二十三年春三月十日雨雹二十日大水　二十五年旱秋七月大風雨拔木淹禾歲大饑次年斗米五百五十文　八月大疫時患

霍亂轉筋之病犯者頃刻死哭泣之聲幾遍里巷

道光三年春正月二十四夜初昏有星自東北隕於西南紅光燭天聲若雷

道光六年三月十五日沙與戴雙春妻吳氏一產三男

增十五年大旱　十六年大饑穀一石二千餘文　十八年邑西麥雙穗　十九年八月初八日雷震文廟殿柱十六處　二十年春七聖廟桂花開　二十三年八月初七日大風晚禾將成實悉被壞時鄰縣大稔民不苦饑

咸豐三年六月大雨閱十三日始止平地水深四五尺早禾未收者悉淹沒晚禾補栽熟收時頭佃藉口被水多不交早租

冬十一月初五水溢林大椿求是齋詩鈔奇事驚創蹈仲冬之五日井涸及河渠泉流皆

溢溢食頃復其常波瀾平若失南望古横陽傳聞亦一律此理頗難推休咎誰能詰地得一以甯沉靜其本質水由地中行相依柔順吉地氣既上浮水因而奔軼象爲卑淩尊隄防宜嚴密奸萌如早鋤蘖緯又奚恤習坎而既盈守險微經術時甲寅十一月事

四年春饑

同治元年二月初八夜神燈見初八日粤賊入城是夜鄉間燈光遍野高低遠近閃爍不定有避居海壖者見海上燈亦然林大倐垂滯集神燈曲銀河斜轉遙天青遠山籠霧環明星燈光連續來何處千點萬點時熒熒高低錯落藻烟樹望似分開忽留住紗籠華燭未分明故故從人頭上度江干風緊寒芒飛山邊清影排依稀神祠香火嘆寥寂十里春郊照羽衣偏鄉燧燧正紛亂翻有靈祇夜游玩紅輝紫微銀蟾明行人莫作青燐看

六年地震

光緒元年十二月屢雨紅豆小而微紅

十年狼噬人小孩遇之多被害

十二年早禾雙穗

十五年八月廿七夜大

風屋爲風拔有壓死者十七年二月至五月邑多瘈狗傷甚衆不速治與治不得法俱死至耕牛亦有被傷而死者

【民國】平陽縣志

王理孚修　劉紹寬纂

民國十五年（1926）刻本

平陽縣志卷五十八

陳邦益校

雜事志一

前志古蹟時變五目列入雜志今古蹟別立一門時變改爲兵事列入武備若祥瑞之紀紫芝嘉禾事近諛頌耆壽記載爲尊高年瑞與非瑞固無可言今別立耆壽一目而物瑞併入災異名曰祥異物不經見祥亦異也傳曰是何祥也吉凶爲在是祥之名本兼吉凶豈第爲休徵哉遺事近小說家言應類分雜事異聞瑣語三目今倣咸淳臨安志例統曰紀遺而已作雜事志

耆壽

凡名載古蹟坊表人瑞坊內者無他事行可攷者茲不悉著

宋

蕭振祖父母　振祖父壽一百四歲祖母一百二歲知湖州日二親年皆八十餘極康寧見方勺泊宅編

明

林貴甫居林家山抱道隱居永樂間累薦不赴立義塾守儒禮衣冠不乘肩輿候知己終日作遺囑訓後屆期集親朋端坐而逝年躋上壽 舊志

陳宣初居江南括園歷官河南知府雲南參政晚居坡南自號四南居士年逾九旬作詩有寄語閩君休性急高山平地我方來之句 舊志修

陳彥生居仙居楚府教授年一百五歲名列郡誠熙朝人瑞坊 舊志修

陳文忠居蓮池年百歲其地有百歲恩榮坊 舊志

清

蘇仕偉居北港瑞欄里長子文煥性孝友奉養有方偉年將百歲鶴髮童顏步履如翔令吳永申舉鄉飲

徐聚奎居西門生員年九十七歲鶴髮童顏

歐陽吉居宋陽秉性孝弟耕讀傳家乾隆庚辰壽臻百歲傳世五代孫曾半列膠庠令徐恕詳請題旌 以上皆見舊志

鄭士洪乾隆五十四年以壽旌以下皆採訪所得

柳莊二老一方姓壽百餘歲一溫姓壽九十八名俱佚清初人柳莊在小南十三都葉嘉倫有二老行

陳光統平陽人僑居邑城種圃爲業年四十餘方授室道光廿七年卒壽一百又八歲子孫四代居長見甌乘補

周廷謨居北港四十二都騰蛟染同治四年與妻蔡氏年皆九十五世同堂孫家駒岱孫維楨紹濂際滿俱邑庠士浙江學政吳存義額其門曰九旬五世雙壽

錢宗瑞居北港曉坑同治七年年九十妻陳氏同治十年卒年九十四五代同堂

吳以賢縣城人壽百歲見吳譜

黃興昭金鄉人年百一歲又金鄉袁文彩年九十七生員余銓年九十四周成儒年九十五徐茂年九十二夏玉儒年九十潘瑛年九十皆爲人瑞

柳玉鑑居十二都同治七年與妻年皆九十齊眉偕老

陳時順居北港順溪光緒三年年百歲四世同堂

陳希舜一名希麟居順溪九十六歲四世同堂

吳光鼎居二十九都江濟偕妻謝氏年皆九十餘五世同堂

陳夢蘭字穆如居江南五代同堂光緒九年邑令湯倓給扁詩術慶頒

陳式勤江南鄉人五代同堂光緒十一年邑令湯侯給以壽額

徐聖仁居北港四十二都油坑光緒二十二年年一百三歲妻王氏年一百一歲五代同堂有百歲坊

徐孔璜居北港五十一都吳陽光緒二十二年年一百歲五代同堂奉旨建坊恩賞緞二匹銀二十兩

柯達春居藕全嫁車辛年北十陞五世同堂

蔣成康號蘅卿居南港蔣家陽港居河口葉宣統元年辛年九十三四子八孫曾玄十餘人五世同堂

周用光居北港賤蛟堡宣統元年與妻林氏年皆九十五代同堂

李孝興居蒲門小安現年九十有五孝興祖母周氏年九十三卒母林氏年八十八卒皆五代同堂

金明球妻劉氏年百歲乾隆十六年郡守金給壽額

廖仕忠妻王氏居北港四十四都鳳林乾隆三十一年卒年百歲四世同堂

黃維紹妻蘇氏乾隆四十年以壽旌

胡君甫妻林氏乾隆四十年以壽旌

林士階妻周氏居北港二十都鰲步乾隆四十八年壽九十有七五代同堂

葉士乾妻張氏嘉慶元年以壽旌

陳奇典妻謝氏嘉慶二年以壽旌

廖君華妻卓氏居北港四十四都鳳林嘉慶七年卒年一百歲四世同堂

胡仲升妻鄭氏居四十二都洋尾嘉慶十三年壽百有五歲

鄭漢度妻呂氏居南港三十三都後林道光十七年年九十有八五世同堂

陳家棹妻謝氏居四十二都鎮嶼山邊道光十八年卒年百有三歲

陳廷賓妻王氏金鄉人年三十喪夫撫孤成立道光二十六年卒壽百二歲五世同堂

楊邦操妻謝氏居四十二都頭門司僑同治十二年卒年百二歲

陳世望妻林氏居北港順溪壽臻百齡四世同堂光緒初邑令周世恩扁其門曰淑德期頤

黃逸閑妻林氏縣城人光緒十七年年百歲五代同堂奉旨建坊給銀緞

葉秉坦妻施氏居蒲門霞峯光緒十九年卒年九十六五世同堂

殷南蔚妻王氏居金鄉光緒十九年壽一百三歲五世同堂奉旨建坊給銀緞

溫梧毅妻周氏居北港四十三都鷺鷥灣光緒二十四年年八十五五世同堂

蔡瑞鐸妻曾氏居八都蔡家山光緒二十八年壽一百一歲

李善朝妻方氏居北港青街民國四年年九十五世同堂

周金潤妻倪氏倪係節婦五世同堂光緒十九年旌給銀十兩緞二匹

王士渠妻楊氏居三十六都莒溪民國丙辰年九十八五世同堂

顧定斗居七都青山民國六年年九十八歲四世同堂

祥異

凡史通言溫州不能知平陽者不錄

晉孝武帝太元十七年壬辰六月永嘉潮水湧起近海四縣人多死者晉書孝武紀及五行志

唐高宗顯慶元年丙辰九月庚辰括州海水泛溢壞安固永嘉二縣損四千餘家舊唐書高宗紀　按是時橫陽省入安固後仍析出故錄此

總章二年己巳六月括州大風雨海水泛溢永嘉安固二縣城郭

漂百姓宅六千八百四十三區溺殺人九千七十牛五百頭損田苗四千一百五十頃舊唐書高宗紀按新唐書紀作九月而五行志作六月

按榆陽橋頭吳氏譜載有光啟二年大饑天祐元年大饑井紀吳仁矩賑饑事蘇伯衡集已採其說姑附俟攷

宋高宗紹興十六年丙寅秋大水舊志水利載宋之才沙塘陡門記

按舊志義行章公逸傳紹興中歲大饑而未著其年附此俟攷

孝宗乾道二年丙戌八月十七日舊志丁亥大風雨駕海潮殺人覆舟壞廬舍宋史五行志漂鹽場又五行志潮退浮屍蔽川田禾不留一苗舊志無收三年吳氏譜

按宋史乾道二年八月辛未潮丁亥係十七日舊志是也惟舊志云夜潮入城保甕府志語本指郡城言之樂清志亦誤襲

五年己丑夏秋凡三大風水宋史五行志

六年庚寅五月大水夏旱宋史五行志

七年辛卯連歲大饑米斗值五六百錢陳止齋集徐武叔墓志銘及舊志徐本傳按五六

兩年宋志僅言溫台處徽以徐誼可攷見平陽災事

寧宗慶元二年丙辰秋颶風淫雨海水為災攻媿集曾公神道碑

嘉泰四年甲子九月縣火乾隆溫州府志舊志作嘉道誤

理宗端平元年甲午火時與地無攷舊志

按宋史五行志寶祐元年七月溫台處大水本紀詔發倉廩振之此鉅災應及平陽舊志失載姑附此

嘉熙四年庚子歲饑舊志義行金成喜傳

景定五年甲子紫芝產於儒學舊志祥瑞

按宋史五行志度宗咸淳六年五月浙東大雨水據本志蕭德威傳是年饑恐卽水災姑附此

元世祖至元十五年戊寅大饑蕭門志

二十四年丁亥颶風舊志水利沙塘陡門下

二十八年辛卯甌中雨土林霽山集雨土詩註是歲饑李作霖賑濟碑記云辛卯歲饑舊志義行陽中山傳繫以大德誤大德無辛卯也

成宗元貞二年丙申饑賑濟碑記又乾隆府志而舊志陽中山傳繫之大德誤

大德元年丁酉七月十四日夜颶風大雨海溢高二丈乾隆府志舊志修漂蕩民居田地縣誌竈竟嘉風潮賦序平陽瑞安二州溺死六千八百餘人元史五行志廉訪司完顏海潮詩一出昆陽道肩輿日向晡冷煙浮破寮老樹坐饑烏郭外兒尋母江頭婦哭夫哀哀聞父老此害百年無見蒲門志

大德八年甲辰饑賑濟碑記又舊志陽中山傳

按舊志水利陰均陡門下延祐間潮溢復地不詳其年姑附此

泰定帝泰定元年甲子秋八月夜地震海溢四邑鄉村居民漂蕩乾隆府志

順帝至元二年丙子自夏迄秋不雨舊志水利載史伯嚕上河埭記

按元史順帝紀溫州颶風大作海水溢地震續綱目亦云地震海溢舊志不著附此

六年庚辰大旱見同上

至正六年丙戌自二月不雨至於七月大水復旱明年春乃雨歲大歉見同上

十二年壬辰饑蘇伯衡集孔公墓誌銘又姜準歧海瑣談云時連年荒旱

十三年癸巳疫據本志林元彬傳補

十四年甲午饑據備同上

二十二年壬寅秋八月大風海溢乾隆府志沙塘陡門圮舊志水利陡門

明洪武八年乙卯七月大風雨海溢高二三丈沿江居民死者二千餘人舊志修

九年丙辰七月初二日颶風暴雨沿江禾盡沒居民以海岸低塌洪潮易入籲請大吏增築海塘舊志修

二十二年己巳大饑舊志

成祖永樂八年庚寅七月颶風驟雨潮溢漂廬舍金鄉衛壞城垣

公廨明史五行志水條恒雨參

十年壬辰七月己酉南鄉產嘉禾百六十四本四穗者一本三穗者數本乾隆府志引明實錄及舊志參十三年麥兩歧者數十本舊志祥瑞

十二年甲子大饑榆陽吳氏譜

二十年壬寅秋大旱大饑舊志

二十二年甲辰秋大旱大饑舊志又陳宣贈鮑宗賑饑序參 按永嘉縣志引萬曆府志二十一年自秋至明春不雨民大饑據此則上年亦旱舊志未備

宣德六年辛亥颶風大作廟學傾圮見黃淮重修廟學記

憲宗成化二年丙戌五月颶風大雨三日夜山崩屋壞平地水滿五六尺田禾無收人多淹死舊志 按浙江通志及府志均作正月古今圖書集成庶徵典引通志正作五

五年己丑十一月市心街火舊志

十六年庚子八月旋風自海起經五都葉陽拔神祠又經四都西浦拔居民十八家壓死者二人（舊志作有龍自海起）

十九年癸卯十一月北郭市心街火（舊志）

二十一年乙巳南門外火延燒百餘家（舊志）

二十二年丙午旱（浙江通志引明實錄二十三年四月以旱免台溫等三府二十一縣二衛秋糧今據補）風潮壞江口陡門（舊志水利江口陡門下）

孝宗弘治二年己酉六月颶風暴雨摧屋折木（乾隆府志）大歉如成化二年（舊志）

三年庚戌大饑（溫州府志舊志林沃爵傳）

七月（據府志補）金舟鄉產嘉禾一本四穗其三穗二穗者不可勝數（舊志）

七年十一月市心弋弓橋火嶺門火（舊志）

武宗正德十二年丁丑四月甲子地震浙江金鄉衛自是日至七月己丑凡十有五震明史五行志

十三年戊寅風潮南北二港水暴漲廬舍漂流人畜蔽江而下江南一鄉江口徑頭湫頭錢家浦尖刀尾各埭皆崩水踰月不下田禾盡淹人食腐米舊志水利黃浦埭下

世宗嘉靖八年己丑八月大風雨海溢仙口塘圮溫州府志舊志水利塘埭

二十三年甲辰春夏大旱田穀不登舊志

二十四年乙巳大饑舊志

二十七年戊申颶風文廟殿廡皆壞見學校門

二十八年己酉冬城內火自市心延燒公館城樓及文武二狀元坊縣門儀門東西巻房土地祠總鋪俱燼縣堂僅存舊志

三十年饑吳氏譜

三十一年辛亥五月五日五更依浙江通志改有星赤色尾長拖青從西方飛過嶺門山前其光燭天墮海中有聲如礮居三日賊自江口入瑞安東山據教場焚劫民死者甚衆舊志

三十八年己未十二月南門外火延燒兩岸坡南證眞寺後山及九凰山草木皆焚舊志

三十九年庚申春饑穀價翔貴民不聊生舊志

按溫州府志永嘉樂清瑞安各縣志均載隆慶二年七月大風雨海溢漂沿海民居田地無算明史五行志載台州颶風海潮大張諸事平陽不應獨無舊志失去附識於此

神宗萬曆五年丁丑八月二十二日無雲而雷舊志作未刻日色正烈忽然天鼓一聲五邑皆聞

十九年辛卯一農田三畝插秧勃然奮發五日即結穀收成縣尹以嘉穀先登豐年大瑞聞堅瓠集

三十二年甲辰十一月九日地震有聲屋瓦有墮地者五邑皆然

乾隆府志

三十五年丁未自五月不雨至閏六月二十八日大雨徹五日夜

不止水暴溢三港間民溺死以千計舊志何白汲古堂集參

四十二年甲寅三月城內火起延及南城樓至寶書巷止舊志

七月初九日夜大雨仙壇山崩大石如彈丸而下鐘樓及萬緣

山房東郭廟俱壞平地水深三尺舊志

四十七年己未秋九月大風海溢田廬漂沒南樓鄭氏譜

熹宗天啟二年壬戌九月東門外火自龍船巷起北至八角橋南

至右聖觀俱燬舊志

四年甲子四月雨米於西門內人家瓦上千戶劉德家最多舊志修

莊烈帝崇禎十六年癸未五月有星大如斗聲如鐘鳴西南過東

北而沒欲旱天赤如血舊志 乾隆府志作乙酉五月平陽夜半云云是爲順治二年與此不符存疑

六月初三日微雪見於雅山紅寮前民家瓦上舊志修

清世祖順治六年己丑春大饑米石至七八兩舊志民餓死甚眾莒溪劉譜金鄉困城記云己丑以遂連年蟲旱

十三年丙申疫城鄉男婦死者數百蒲門志

十四年丁酉九月初四日夜火自市心街起東至城西至繡衣坊南至賣醬巷延燒城內幾半舊志

十二月一日午後炎熱蟄蟲盡出是夜嚴霜如雪野中蛇死無數舊志修

十五年戊戌冬有槐豆結實有桃實大如拳舊志

十七年庚子三月饑米石銀四兩有奇舊志吳氏譜參

聖祖康熙十年庚戌五月二十九日有蝗食沿江田禾五日八月

萬全鄉一二三都膧生徧野將十日而大風起三日盡滅舊志修

十四年乙卯暗室地生白毛有長如馬尾者舊志

十六年丁巳春夏饑米斗銀三錢有奇舊志

十九年庚申正月十五夜城內火民居燬者過半舊志

二十六年丁卯十月夜譙樓廟旁火延燒百餘家舊志

三十一年壬申九月二十日申刻城內公館土地祠火起延燒公廨及縣前坊店風烈火飛出城延燒木行松廠至證眞寺前茶亭下止舊志

三十二年癸酉東門外延燒數十家舊志

三十八年己卯大饑舊志

五十年辛卯夏大水南北兩港溪水暴漲淹沒居民數百人舊志

五十七年戊戌十二月十八日申刻江口渡大風覆舟溺死五十

餘人靜觀樓詩集

六十年辛丑旱災大饑穀價每兩六十觔舊志

世宗雍正元年癸卯大旱至二年二月河始通舟舊志

四年丙午十二月初四日西門外大火延燒百餘家舊志

五年丁未七月颶風縣堂圮舊志

十年壬子通縣田禾徧生黑蝿無收次年大饑舊志

十一年癸丑蒲門三都俱被蟲災舊志

高宗乾隆二年丁巳自七月至八月十五日颶風大雨七次海溢田禾盡没江口南岸海塘悉壞舊志祥異水利附修

三年戊午大饑米價每兩六十觔飢民狼藉舊志是歲颶風縣學明倫堂圮舊志學校又壞青書院下

六年辛酉海溢江口鈔關衙十六沿江田畝俱没舊志

七年壬戌十一月大街火舊志修

十五年庚午蟲災九月九日大水損傷田禾舊志修

十六年辛未旱大饑舊志修

十八年癸酉旱大饑舊志

十九年甲戌饑穀價每兩九十觔舊志

二十八年癸未五月海溢平地一五六尺餘吳氏譜又林鳴鳳紀荒詩日臨夏午酷徵先

八月颶風大雨海溢漂沒屋廬人畜無算潮退僵尸蔽野苗槁

無收林鳴鳳紀荒詩并注

二十九年甲申春旱五月七日午微雪時四五兩月連雨低田禾

爛歲大饑人多餓死繼又大疫林鳴鳳紀荒詩并注

三十七年壬辰蒲門山水湧溢華嶼存拙山房隨筆

五十二年丁未七月晦日大水嘉慶瑞安志云一五邑同

五十四年己酉五月七日大水嘉慶瑞安志云永瑞平同

五十七年壬子颶風湯肇熙吾南書院記

六十年乙卯海溢吳氏譜

仁宗嘉慶元年丙辰八月一日縣案吳譜同颶風驟雨壞城垣廨宇廬舍斃人口牲畜無算船艚鹽廒倒折衝失官收帑鹽縣案吳氏譜永嘉樂清志兩浙鹽法志優恤參樂清縣志又言是夜五鼓雷光燭天赤如火永嘉縣志言是夜二更天裂

三年戊午四月雹七月十六日颶風顧清標睡餘吟稿

十一年丙寅十月二十九日大水嘉慶瑞安志云五邑同

十四年己巳七月十七日颶風暴雨屋瓦皆飛平地水深數尺阮亨瀛舟筆談積山類藁姚瑩周積山墓誌銘

十六年辛未夏旱至秋禾苗枯槁大饑蒲門赤陽山產白粉窮民取食後得脹滿證百無一愈華椅隨筆

十七年壬申春夏大饑吳氏譜樂清永嘉縣志參是秋颶風邑令余麗元倉聖祠記鮑臺重修捍補橋記大水採訪冊

二十三年戊寅三月大雨水吳氏譜樂清縣志三月十八日晚大雨如注延至二十日黎明平地水高三尺永嘉縣志亦謂二十日大水

二十五年庚辰六月旱七月颶風大水歲大饑疫癘並作飢民取山中石粉食之皆脹懣死吳氏譜及祝垚之筆記參

宣宗道光元年辛巳饑吳氏譜

十年庚寅八月二十日颶風驟雨潮溢田禾淹沒無數翁琢重修南監海塘碑記

十二年壬辰大水應譜本志應挺肇傳饑下滂陳氏譜

十四年甲午夏雨蒲門大水華烔隨筆秋禾將熟極茂有兩穗者九十月間連旬大雨仍復歉收甌乘補歲大饑吳氏譜

江南陳姓有女化爲男事詳紀遺

二十六年丙午七月十四日颶風連三日大水壞四鄉廬舍無數吴氏譜華炯隨筆一採訪册縣案參先數日荆溪山鳴祝𡍼之筆記

二十八年戊申七月颶風大水祝氏災異私書

二十九年己酉五月初二日蒲門鄉雷雨山水驟發平地丈餘人物漂没壩崩水退各處尸骸衣物堆積樹巔華炯隨筆

文宗咸豐二年壬子九月初二日蒲門鄉潮水驟湧廈材直平大路東至嵐下沿浦李家井以及西峰頭下陽上直頭陽南門外均遭害無遺華炯隨筆

三年癸丑六月十八日颶風大雨至二十九日午始霽平地水深六七尺田廬破淹低田無收吴氏譜九凰山祈晴碑採訪册參

四年甲寅大饑吴氏譜秋大疫採訪册十一月初五日水泉溢樂清縣志祥異

載林大椿詩云奇事驚創聞仲冬之五日井㵎及河渠泉流皆湓溢食頃復其常波瀾平若失南望古横陽傳聞亦一律注云時甲寅十一月事

五年乙卯七月颶風海溢縣堂壞沿江多被溺者吴氏譜　按永嘉縣志爲七月初八夜　八月十一日風潮又作沿海房屋人口漂沒無算田禾被淹者皆無收採訪册　按永嘉縣志作八月初十日

六年丙辰大饑吴氏譜

十年庚申十月八日水泉溢如潮日再至三日乃止祝垚之筆記

十一年辛酉夏旱吴氏譜

穆宗同治三年甲子正月十六日大雷雨霰傍晚雪大如掌至二十三日始霽平地深數尺採訪册

五年丙寅夏六月少雨至於明年二月歲收不害採訪册

德宗光緒元年乙亥七月葛奥山有聲如牛繼又連響如爆竹三

日再鳴祝堃之筆記

二年丙子六月十一日颶風大雨平地水深數尺江南鄉西塘壞南港水灌入稻田浸至七八日歲收大歉採訪冊

四年戊寅六月大疫採訪冊

十五年己丑五月不雨至七月初二日始雨田禾歉收採訪冊

十六年庚寅五月二十八日颶風大雨拔木壞屋六月初一日風雨又作江潮內灌秋收歉薄縣案採訪冊參

十八年壬辰六月旱歉縣案

二十四年戊戌八月十五日颶風大水田禾歉收縣案

二十七年辛丑六七月兩次風災舥艚海塘壞淹田禾一千餘畝沿海各處屍棺暴露溫處道童兆蓉捐錢飭縣掩埋縣案參

二十八年壬寅夏秋大疫採訪冊

二十九年癸卯閏五月十八日六月二十二日二十七日連次颶風大水冊採訪

宣統三年辛亥七月初三日颶風大水冊採訪

中華民國元年八月廿七至九月十七日舊曆七月十五日至八月初七日大風雨凡五次四鄉山水暴發田廬衝沒平地水淹三四日至六七日歲收大歉冊採訪

二年十月十三日舊曆九月十四日申時二十九都曹宅有淡水湧高三尺餘明日午時又明日辰時皆如之冊採訪

三年九月七日舊曆七月十八日颶風大水冊採訪

九年九月二日至六日舊曆七月二十至二十四日颶風大水南港江南萬全三區災最鉅歲收大歉冊採訪

十一年九月二十八日舊曆八月初八日颶風大水冊採訪

十二年九月三十日舊曆八月二十日鰲江火，延燒五百餘家採訪冊

十月二十三日舊曆九月十四日南鄉雨雹大如拳，二十二三等都禾稼被害採訪冊

（清）林鶚纂、林用霖續纂

【同治】泰順分疆録

清光緒五年（1879）林氏望山堂刻本

祥瑞

明

景泰元年有鶴來巢

三年鶴巢山産靈芝是年寇息立縣治

宏治七年鶴巢山復産靈芝莒岡亦産靈芝

隆慶五年南陽底江家産並頭蓮

萬歷十八年大有年

四十八年即泰昌元年大有年

國朝

康熙六年歲稔每銀壹兩易穀百斤至百二十斤實

則海禁民窮糧餉較急凡三四年穀皆賤

十九年莒岡產並頭蓮

二十八年四溪民林姓妻一乳三子邑令報憲

給糧贍之

三十四年歲大稔每銀壹兩易穀五百斤至七

百餘斤不等

五十年正項錢糧蒙蠲免

雍正元年石柱峰叢蘭中產靈芝

二年禾一莖雙穗

四年雨暘時若歲大稔

五年歲大有禾一莖兩穗

六年歲豐逃民漸歸復業

七年歲豐遞荒壓賦

八年丁糧録攤入田畝本邑丁糧最爲繁重有成丁未成丁女丁三則至是無田之民慶更生焉

乾隆十二年錢糧全免

四十三年正項錢糧豁免

嘉慶六年十月南郊貢生董廷儀家牡丹再開次年其子正揚登第

道光十年毛陽村後山古榅木八株久枯僅存老幹

至是復生枝葉今猶茂盛

十六年南院飛鳳山產靈芝四本

咸豐四年縣署倉後產靈芝

同治十一年大有年

災異

宋

宣和二年歲大饑米一小斗計四升易錢三百文見章峯蔡氏譜

明

成化十九年六月十九日大水

二十年瘟疫流行死者十三四

正德三年五月至九月大旱歲饑

五年大旱歲饑

八年四月縣前街疫死者相枕又大火延燒及鼓樓

九年八月朔日食星見雞棲移時復光旋地震

十三年十一月十八日夏氏譜作二月十八大水壞民居百餘漂沒官民田地二十八頃三十餘畝

嘉靖五年五月至八月旱無禾

六年復大旱無禾較五年尤甚

十年九月初九日隕霜害稼民大饑

十一年正月猛虎害人七月二十四日雨雹大如拳二十七日大風雨揚沙折木壞櫺星右門

二十四年夏鄰邑荒民多來就食斗米二百文

按故老相傳舊時米糧貨物値賤斗米二百已言其貴至康熙以後田復開人戶稀少穀賤至無人糴莊穀積久但有糴者不論價得銀數兩即估倉與之有糴倉運穀至足餘即棄而不還寄語莊主曰餘穀尚多吾不要矣以今視昔可勝慨哉

二十六年秋虎傷人道路戒行九月五都民殺之冬十一月初五日東街火延燒官廨鼓樓及民居五百餘家

二十七年秋七月朔大水壞民廬舍

二十八年八月翁地大水壞民居田園

三十七年七都龜巖遶溪尾井水赤如血三日

三十九年歲大饑詳義行陶灌傳

隆慶二年七月二十六日大雨一晝夜大水漂民居田園

五年六月莒岡夏以睿舊志作樹家有蜃氣如霧射天知縣王克家禱城隍并祭其處妖息事蹟及祭文詳舊志

萬曆三年邑大饑見高陽劉氏譜

五年八月二十二日未刻日色正烈忽聞天鼓一聲閩郡皆然

崇禎元年邑大饑

八年十一月二十六夜北方天際見白虹色如霓光芒不動移時而没

國朝

順治二年永樂瑞平皆大饑饑民運魚鹽至泰順及景寧各邑易米米貴而魚鹽極賤時閩藩選李公裴來知縣事遣社兵至二三都遏糶遂致鬨然滋事

六年鹽貴每斤紋銀一錢

八年大饑邑令王公煌設法勸富民施粥全活甚衆

十三年莒岡有怪鳥大倍於鵝終夜慘鳴聲似小兒次年秋寇至民遂遭刼

十七年饑邑民多運米慶元遠處銀二錢得米六升

十八年又饑仍往隣邑貴糴連遭荒歉民間器物可以貨米者無復存矣

康熙二十年海禁極嚴鹽竈盡廢闔郡食杭鹽每銀一

錢得鹽一斤半凡三年

九年各縣稻巳成實被蟲蝕盡歲歉太守姚公

時亮奉牒勸荒發賑

十三年虎入城南門攫去守城兵王某跡之巳

食其半生員周雅家磨牛骨糞田磨作牛鳴棄

之溷中復鳴如故十三年周生死寇難

二十七年虎入地軸山傷害城內民王長世

三十八年九月二三都大水漂民居無算

四十三年歲歉

四十五六等年夏秋間旱米價騰貴

五十一年大水八都牙陽雙溪口漂去房屋人畜淹沒無算

六十年七月四都下莊下塘坑雨雹一日田禾盡壞

雍正四五年縣稱奉採 欽工木料各鄉村及古墓喬木封伐殆遍有賄之者乃免

十年虎患各鄉約傷數十人

乾隆二年虎患三都各地日傷四五人連歲約傷三百餘人至八年始安見夏氏譜

三年米貴每銀一錢得米三升餘

七年久旱升米銀五分各邑不法之徒到處搶掠縣詳　憲嚴捕多臾死者

九年久旱五月不雨至七月終始雨禾皆不實

十六年虎入城市後殲於南門外溪中六七月大旱時邑侯楊公人傑奉委赴樂清展賑報災稍遲次年正月發賑（公有赴郡拨領帑運賑米詩）

十七年秋七月十五日大雨水一都各鄉田地被災是夜初更白鶴渡旁倪姓一村盡被漂沒僅遺一童年十六因屋浮至崖下從樓窓躍出攀樹上得活

十八年春旱

二十年東南鄉山中竹實

二十七年二月丁祭後

聖廟災時邑令孔廣梓以新進士知縣事其父某故宿儒慮少年未諳吏治偕之來署數月見其縈下待士聽訟事事有方心大慰乃加勉諭遂束裝歸歸之夕大成殿正梁忽斷自是縣署內用門丁某外則幹役潘鳳互爲鼓煽播縱貪酷無所不至士民重足而立後削職去邑乃安去之後邑人編其時事爲詞至今猶歌之

四十五年至四十七年連歲歉收

四十八年大饑米價貴至數倍鹽亦極貴饑民食草木葉有錢者往桐山海口運臺米及諸米

以濟是冬稍稔

嘉慶二年春三月雨雹大如碗東南鄉秧苗盡傷人畜有被擊死者是歲大饑冬月某日夜北方星隕如雨復見天北面一半青蒼星影寥寥

十四年歲荒七月颶風壞稼十月淫雨山種歉收臘月饑

十五年饑邑民多茹草木六七都民採雙背山土俗名觀音粉療饑多致病死且有掘土被壓者

十六年夏旱禾多枯槁

十七年夏饑民掠食四都柴林頭地棍林阿可

為首初猶搶穀後遂刼財物五七都張林各姓被搶尤劇城中無賴亦趁周姓被搶知縣李寶雲不能治僉上訴憲嚴檄拏辦始息

二十四年夏大雨雹城內尤甚積屋及溝皆滿牆邊積至沒踝

二十五年四月地震又大雨雹比上年稍減

道光九年五月某日傍晚日尚未入有星從東南向西北橫飛有聲如飛矢初僅見光及將下墮大如斗有尾淡赤色如龍而逝

十一年旱歲歉四都柴林頭地棍林學修聚黨

百餘肆搶辯小村莊知縣周恭先貪懦不能治各處土棍漸至效尤後任長沙周公時蒻至嚴捕惡黨置於法搶風始靖歲雖荒不至成災　十三年旱秋又早寒大風壞禾高鄉尤甚十二月至次年正月大雪連旬高山林木盡折牛羊野獸凍死甚夥　十四年大饑升米三十餘文南鄉運瑞米接濟每升至四五十文五月城鄉時疫傳染至七月始止人民死亡甚衆有全家病殁者六七都饑民有食柿葉及觀音泥（泥産山洞中細膩）入胃不化多因以速死時有一山產竹如麪

米近山居民有藉以全活者是年鹽缺每斤價錢至一百二三十文尤多充腐渣石粉

二十八年秋城内大水

咸豐元年九月十一日戌刻聞天鼓一聲有尾大如火毬落於北方閩都皆見

三年三月閩地屢震近閩界尤甚六月十二日至二十四日大風雨浹旬一都上地及七都魏坑西彝山崩壓死人畜無算葉瑞陽前後山對裂各長十數丈坑濶盈丈似全村欲陷者難幸無事而其村自是不振是年饑四溪東安峽嶺

各村匪徒搶掠城中無賴亦率饑民入署逼賑
管令撤去新任至開倉出借平糶始安
八年七月初四至初九彗星見西南
十年夏大水四溪南溪一帶尤甚民居房屋田
園多為漂壞七月六都洪埆潭有巨魚青黑色
浮水面長大可一二百斤遠近來觀游泳三日
乃不復見
十一年大水附郭及一二三都尤甚田多被淹
同治二年十二月城內大火自土林坊起延燒至縣
前左街店肆房屋百餘家

三年夏有虎由縣後山越城至署內後園盤旋一遭仍越城去

七年冬城內復大火自士林坊下起延燒至太平橋店肆民居百餘家

十二年正月廿六七申刻兩日相盪日中有黑子六月雨雹一都山鄉有重至十餘兩者

十三年三四月間雨豆色黑大者如綠豆小者如芥子各處多有

光緒二年春夏苦雨六月十一日大水一二都田被坍没者甚多天氣極涼是冬禾大歉各鄉多産

竹米

三年荒四鄉賴有海運米接濟升米至大錢四十五六文城內米增價三十四文縣乃開常平倉穀三千餘石碾米糶之

是年秋八月有虎入城北門內食民畜秋蟲蝕禾近城一帶尤甚晚稻歉收　縣報荒請緩征

九月杪始至年終連月陰雨忽暖忽寒罕見晴明冬至後微有霰雪番薯不能成收麥亦不能下種農甚苦之十二月雨雪間作寒沍特甚

四年正月仍多雨計一月僅晴六日鹽極貴每

斤至百錢是時掌部文題准永樂瑞泰四縣均緩征

二月初三夜虎躍城入縣署後院更夫猝遇驚呼羣起逐之仍躍垔垣而出

本年四鄉米仍貴以上冬諸無穫故也時有飢民百餘無力耕作請給護牌出外游食縣准給之

六月旱仕洋石龍潭有大魚四五頭浮出長約丈餘故老相傳嘉慶某年亦曾浮起後有大水云

分疆錄卷之十終

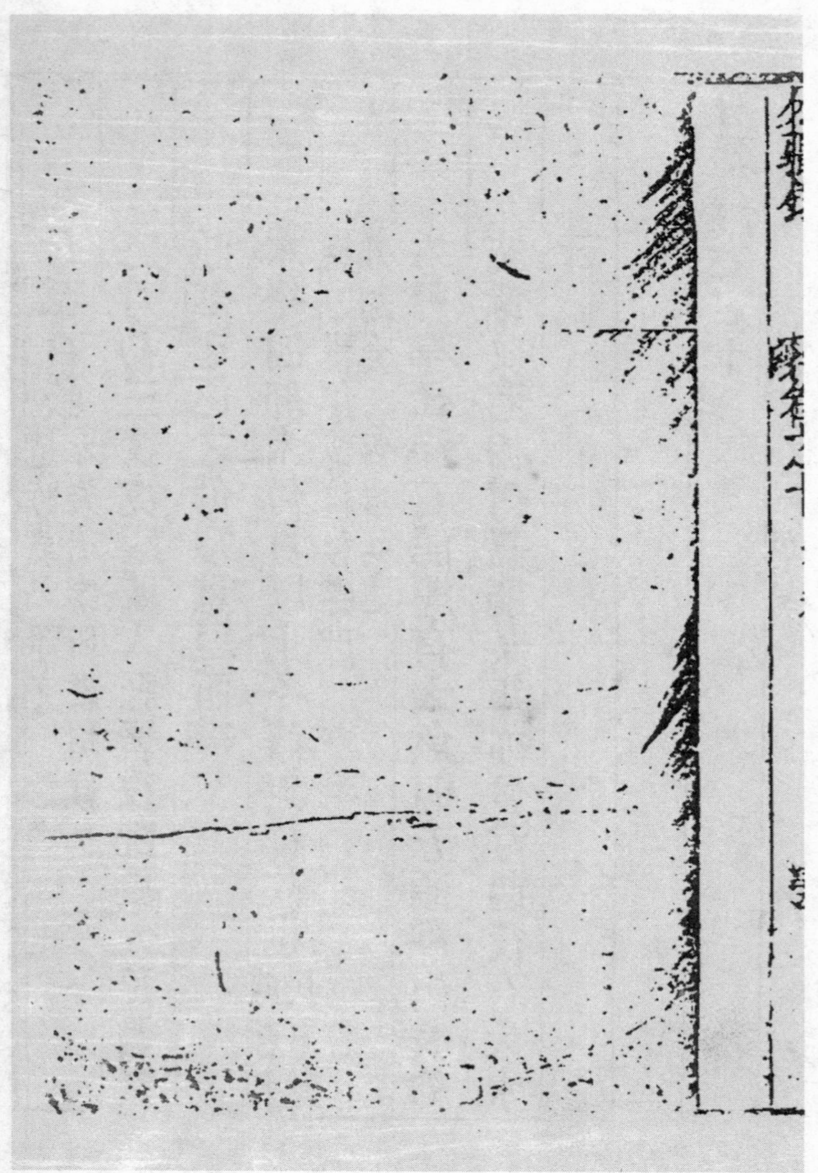

【萬曆】栝蒼彙紀

（明）熊子臣修　（明）何鏜纂

明萬曆七年（1579）刻本

災眚

麗水

唐 顯慶元年九月大風雨水溢城下溺死者七千餘人 文明元年水溺死者百餘人 神功元年水壞民居百餘家 長慶四年七月水 開成三年水高八丈

宋 明道二年水民田多壞 熙寧八年水浸及城中天慶觀三清殿攔 宣和六年七月水高六丈餘 紹興十三年八年大水平地八丈民居皆湮沒 淳熙九年旱 嘉熙四年旱蝗多不入境 寶祐五年火

元 大德九年六月水發自縉雲蕩廬舍溺死數百人 延祐元年螟 泰定二年螟 至大二年蝗六月二十九日本路總管府承奉浙東海右道廉訪使司牒蝗將入境委

水路同知瞻思丁水忽必出捕至縉雲抵永康界會天大雨蝗盡飛散西北去遂不入境至正七年火　十年螟　十六年螟　國朝洪武三年大旱　七年螟　永樂十八年大水　正統五年水　成化九年水　十三年旱　正德三年旱　五年大水平地高五丈　十三年火　嘉靖四年大水　六年大旱　七年水　十年旱　十一年大水　十九年蝗　二十年大火自紗坊延燒府前譙樓是年多火患　二十一年旱　二十四年大饑無麥　二十九年旱　三十年大水　三十四年大水　三十八年火起縣前延燒府治　隆慶二年旱　三年秋大水田禾渰沒　萬曆元年旱早禾枯槁　二年大水　三

年旱米斗價銀一錢五分 五年九月有星見西南方其形如彗光芒燭天經月餘乃滅

青田 唐 總章二年六月海溢至縣治漂官民廬舍溺死人口無算 顯慶元年九月水 神功元年大水坊郭廬舍蕩盡 宋 紹興十三年八月大水溺死三千餘人 乾道元年八月海溢至縣治溺死者甚衆九月旱 元 大德九年六月水 國朝 永樂十八年水 成化十九年水 嘉靖五年旱溪流幾絶 十一年大水七月二十八日大雨溪水暴漲十餘丈漂流數百家 二十四年大饑 四十二年大水蛟蜃出十一十二等都地方大雨山裂水漲衝壞田地三十三頃四十餘畝溺死男女三百二十三口漂沒房屋七百五十二所 隆慶三年七月大水傷官民田地五十頃餘

六年大水六月十八日七月初四日龍風大作暴雨水漲城中沒深丈餘衝壞田地四頃有奇萬曆二年大水六月初三日大雨溪水暴漲壞官民田一頃四十餘畝蕩崩於地民居無算

縉雲

宋

宣和三年火官民廬舍燒盡嘉熙四年大饑

元

至正十三年火　十七年大旱　十八年火

國朝

正統三年大饑　八年饑　十四年五月隕霜是年宣慈寇陳鑑胡肆掠焚鄉邑官民廬舍殆盡景泰七年大旱　天順二年火三月十五日雷火焚仙都獨峯頂七日不息　成化十三年秋大旱　十九年大雪一夜深五尺餘弘治四年旱　十三年正月雨雹大如雞子屋瓦多碎十八年八月地震　正德三年大旱五月至十月不雨饑死者甚衆五年旱　十年大雹三月十六日四月初一日凡二次嘉靖元

年至四年禾皆白漂斗米百錢五年大旱　八年八月大
水田廬漂沒溺死者甚衆十九年蝗　六月火焚邑民居數百二十三
年火　二十四年大饑無麥餓死者甚衆二十六年火焚民
居數百家二十七年大水舟至縣門淹沒民居太半二十八年八月大
水漂蕩田禾廬舍三十四年正月大雪積一十四日深丈餘隆慶三年
七月大水
松陽宋嘉熙四年旱　寶祐五年旱　咸淳十年大
旱元延祐元年禾白漂　泰定二年水旱　至正
十六年螟　國朝洪武九年旱　十七年水　正統
十三年地出血二十都橫山民居地中出赤血血聖許厚一尺雞犬不食　成化十

五年大水　正德十一年地震　十六年冬至夜地震其聲如雷　嘉靖四年大水　五年大旱　八年蝗　十六年山裂十八二十等都　二十四年雷震殺五牛背上有字莫辨　三十九年雞生四足猪母生象在杜林民家

遂昌 宋 嘉熙四年旱　寶祐五年旱　咸淳十年旱

元 延祐元年蝗　泰定二年蝗　至正十年蝗　十六年蝗

國朝 洪武九年蝗　十七年大水壞民居田地　正統三年旱　成化九年旱　十九年大水　正德三年大旱民食草木實　十年地震　大雪積深丈餘　十三年大火　十六年冬地吼其聲如虎　嘉靖四年大水　八年

大水二蛟並出壞橋堰民居溺者甚衆十四年正月朔大雪凡四十晝夜

五年閏十二月大雷電陰霾十餘日二十九年大旱

龍泉元至正十一年冬十一月雷電雨雪十三年

旱冬十二月大雨雪十四年大饑冬十二月

雷是年民間有一雞左雄右雌能雄啼雌伏十五年三月大霧咫尺不辨人物

國朝洪武十年正月雨黑水色如墨汁成化八年八月火

延燒二千餘家及濟川橋弘治六年鼎山崩八年伏雞皆雄質

雌文良溪練端家正德四年春夏大饑民採櫸樹皮舂磨作餅食多死八

年大火七月二十二日火起縣前店延燒總鋪譙樓按察司濟川橋及民居二千家九月二十六

日崇因寺火佛殿法堂山門兩廊及僧房數百間銅鐘五千斤融液殆盡嘉靖元年春旱

二月至四月初旬不雨溪井皆竭五月大水十五日大雨至十九日止平地高一丈五尺許濟川橋七石墩皆壞人畜死傷無算留槎洲民居數十家漂蕩俱盡

慶元雲和水旱與龍泉同

宣平國朝成化十九年七月大水壞民居二百餘家溺死者百餘人二十年五月水春間脩築隄岸甫畢至是積雨漲溢壞甚二十二年旱

弘治五年旱　正德三年旱　七年旱　嘉靖八年大水　九年大水　十八年大水　二十三四年連旱　三十八年火縣前坊起至太平坊竟夕始息

景寧國朝永樂十七年大水　成化十九年大水高六丈壞民居二百餘家　正德十三年六月大水　嘉靖六年大饑

【康熙】處州府志

（清）劉廷璣纂修

清康熙二十九年（1690）刻本

麗水縣

順治八年大饑斗米銀六錢民多餓死掘山粉爲食順治十二年旱

順治十三年閏五月晦大水是晝忽有山羊入城至年栝蒼南明二門溪水大漲城中俱溢順治十四年火自府前延燒沙坊等處蜃徙夏潦城外七里許壽元山有蜃徙穿崖西出過大溪至羅浮昂首吼於波上順治十六年旱順治十八年大旱康熙二年十一月初旬彗星見凡數月起月又白氣經天見西方康熙四年四月至五月大水田地衝洗不可勝計康熙五年大旱秋七月虎入城每夜

虎踰城而入歷秋冬至次年春三月民家犬豕被攫殆盡但不傷人一日同知沈爵生建議會文武官屬傳令兵民伺虎入放炮爲號各明火執械上城及旦虎不敢出遇閘掩殺日斃五虎害遂絕 康熙七年五月大雨水溢秋大旱 康熙八年火 康熙九年火災四起 是冬十二月二十一至二十六日連大雪城中積五六尺許山中深丈餘初擬豐瑞次年旱蝗交虐實災兆也 康熙十年大旱蝗巡撫范公承謨捐俸賑餓具題蠲免錢糧 康熙十一年雨雹二麥並傷樹木盡拔秋七月至九月時疫流行郡守命醫章學詩設局胗治者民陳孔道協力捐資朝又董事多所全活 康熙十二年巨魚山南明門外溪有魚二大如舟浮水面吸水吞吐聲拍兩岸踰時沒 康熙十四年大疫民遭兵囚多死蹂躪旋又

救剩大作亡者八九四月大風忽起郡學文廟廊廡盡圮法濟寺乘咸亦被拔毀民舍不計

康熙十六年旱　康熙十九年十月彗星見于西方月餘不滅

康熙二十年三月至五月大雨水溢　秋七月大旱至冬不雨是年蠲免

康熙二十一年五月十七日井鳴元妙觀前大井如病人呻吟聲自辰至午止

六月十三夜演武場屋瓦無風自落如是者二次屋亦旋倒

康熙二十二年夏四月無麥麥遭水擣闕邑顆粒不登

康熙二十三年十月晦夕天鼓鳴有火光自西北流至東南

康熙二十四年冬十二月雨霰電閃

康熙二十五年閏四月大雨二十一後大雨至二

十六日戊時洪水暴溢高八九丈官民廨舍城郭田
禾漂沒過半人民被溺死者不計其數本年　題蠲
額徵銀十　五月虎入城時大水城圮虎得恣出入攫
分之三　食豬犬無算至二十八年二
月廿七十八兩日連殺四虎於城　大旱　康熙二十
旁知府劉廷璣築城虎患遂滅
七年六月旱　冬雷虹見　康熙三十八年二月郡
城火災自府前延燒驛前衛前沙坊等
處知縣張建德賑給被災人戶　六月大旱
至冬十二月不雨　秋禾絕粒荳麥各種失蒔城鄉池
井盡竭郡守劉廷璣有憂旱詩一
自秋風起簷聲久不聞池乾難受月山瘦不生雲市
步蔬成束村將米論斤城中人最苦得水數家分
七月十一日白虹見　冬十月震雷虹見　十二月
火

青田縣

順治七年大饑以秋米不登夏無麥斗米銀六錢民多饑餓流亡 康熙十四年八月大雨七日山崩衝壞廬舍民溺死無算腴田漂沒不能復墾時苗折爛穀

康熙二十五年閏四月大水五日漂沒民居田地溺死人民無算

縉雲縣

康熙十一年三月火火發城中延燒縣治恍有鬼面從空中放火衙丁捕之遂不見

康熙十七年大旱 康熙十八年螟見時蝗飛遍野顆粒不收

康熙十九年旱 康熙二十年旱俱蒙蠲免錢糧

松陽縣

康熙九年旱　康熙二十年旱　康熙二十五年閏四月大水　康熙二十六年旱　康熙二十七年旱蝗　康熙二十八年旱

遂昌縣

順治七年六月大水漂没土田道路無算　順治八年大饑穀價騰至二分五厘一斤　順治十年閏六月火南隅火起延至北隅城山嶺頭過縣前至東隅五馬坊下止　順治十六年六月火南隅石橋頭起至東岳數丁止　康熙五年大旱　康熙十九年大旱　康熙二十五年閏四月大水閏四月二十四日晚大雨起至二十七日晝夜不絕自西門起

至南鄉東鄉沿溪一帶房屋盡行漂没男女溺死者無算在鄉田地衝半漂蕩不可勝計 康熙二十八年大旱 自六月起至十二月絶無雨澤井泉皆涸

龍泉縣

康熙二十五年閏四月洪水陡發十餘丈衝没橋梁廬舍田禾無算

慶元縣

順治十二年六月大饑 民多餓死知縣石聾垣先施粥五日邑中樂施者輪日煮粥於路院民德之 順治十三年五月大風北壇樹木皆拔

順治十八年五月大水 冬十月虎食人 康熙九

年群虎食人　康熙十年五月青虫食苗時人呈兼以青虫田苦絶收知縣程維伊詳請撫院批題疏奏蠲免糧餉銀一千四百二十七兩零　康熙二十五年閏四月大水閏四月二十八日辰時水自北門衝入高過城墻丈餘縣治衙舍俱壞近溪民房田地盡毀漂流男婦無算凡近山田土崩淹沒者更多　康熙二十六年旱四月至七月不雨禾苗盡稿　康熙二十七年虫四中旬發附郭及五都六都八都九都絶收　康熙二十八年大旱自五月起至十月不雨田不盡稿附郭及四都五都九都吏坵滙塘俱成龜拆

雲和縣

康熙二十五年閏四月大水邑內水深四五尺可通舟田漂壞山地不勝計

四五八九都漂壞民房百餘家

宣平縣

康熙二十年旱　康熙二十年大蒙山崩陷大蒙山頂上名陳衙于五月十二日白晝忽聞聲如雷霆兩山崩陷交基谷口中成龍窟長可里許廣可四五十丈深不見底其洋澄徹恍若巨浸魚鱉出沒於松杉間歷歷可數雖大旱不涸　康熙二十五年閏四月大水房屋田地盡被漂沒　康熙二十七年旱俱蒙蠲免錢糧

景寧縣

康熙二十五年閏四月大雨三晝夜洪水陡至衝決田廬甚多

【光緒】處州府志

（清）潘紹詒修　（清）周榮椿等纂

清光緒三年（1877）刻本

處州府志卷之二十五

處州府知府元和潘紹詒重修

祥異志 附災賑

蓂莢屈軼植物之祥，魚躍鳳鳴動物之祥，蛇鬭鷁飛，石言星隕，斯誠異矣。舊志及各邑新舊志所載，事不經見者亦祇十數，則休徵咎徵，毋庸事後强附會也。史家五行志踵左氏浮夸，詳於占驗，直詞費耳。若夫旱澇爲患，天道之常，疫厲時行，人事之偶，亦無足異者。在其位者謀其政，修德以弭之，弗諉爲數焉可也。

志祥異

唐顯慶元年九月栝蒼暴風雨海溢麗水溺死七千餘人見唐書五行志及麗志

總章二年六月栝州大風雨海溢唐書五行志青田志是年六月海溢水至縣治漂官民廬舍溺死人口無算案總章爲高宗年號青田析於睿宗景雲二年維時尚未立縣安得有治當是水至今縣治地耳

神功元年三月栝州水壞民居同上七百餘家麗志

開成三年處州平地水八尺有餘同上麗志八丈

宋至道二年處州稻再熟宋史

咸平六年八月旱禾再稔郡守楊億上表稱賀麗志

明道二年麗水縣洪水壞民田麗志

熙甯八年八月兩浙旱宋史五行志　麗水大水入城高至

天慶觀楣

元豐二年麗水縣白秋至三年春不雨

建中靖國元年遂昌壽光宮殿西柱生靈芝九莖連

葉色如栗遂志

宣和三年火官民廬舍盡　六年七月麗水大水高

六丈餘十年松陽潦

建炎三年己酉冬十一月龍泉縣芝產前太常少卿

季陵居屋

紹興十三年八月青田縣大水溺死三十餘人十四

年八月麗水水高八丈溺死三千餘人十六年大
水如前上同 十七年丁卯夏六月龍泉主簿韓元
吉廳南池産並蔕蓮十本 十九年麗水夏蝗
二十三年癸酉夏麗水縣懿德鄉梁氏所居小溪
忽中流湧起若柱高二丈餘是年梁安世鄉舉甲
戌登第至咸淳癸酉復然梁泰來鄉舉甲戌登第
案明景泰三年析麗水宣慈應和懿
德三鄉置宣平縣前事載宣平縣志
乾道元年八月青田海溢水至縣治溺死者衆九月
旱俱見
邑志
慶元五年六月浙東霖雨至八月

開禧元年夏浙東西不雨百餘日

嘉定八年八月浙郡皆旱　九年五月大水紹興府嚴衢婺台處等州漂田廬害稼浙東蝗俱宋史五行志

十六年遂昌有蓮一本雙花秋粟有一本十八莖莖八九十穗者遂志

紹興元年戊子秋七月郡守高疎寮行部龍泉民獻並蒂蓮實二花四龍邑志

嘉熙十三年七月辛丑嚴衢婺台處等州大水冒城郭溺人續文獻通考　案丁酉改元嘉熙祗四年郎改元湻祐是嘉熙無十三年湻祐祗十二年亦無十三年或係三年誤作十三年

淳祐元年辛丑龍泉縣昴山崩聲聞數十里　三年乙卯四年丙辰五年丁巳虎食傷人一千六百有奇龍志　案元年辛丑則三年當癸卯四年當甲辰五年當乙巳

寶祐五年麗水大旱松陽旱

咸淳十年松陽旱

元至元十六年六月麗水旱麗志　十九年麗水縣樟樹生梨可食續文獻通考

元貞二年麗水雨黑米可食

大德九年六月大水麗志　六月青田水青志　九年六月二十八日縉雲縣水壞民舍續文獻通考

至大二年麗水蝗

延祐元年螟傷禾松陽田禾漂

泰定二年麗水螟傷禾　松陽水旱

至元六年六月庚戌松陽龍泉二縣積雨水漲入城深丈餘遂昌縣尤甚水三丈餘桃源鄉山摧壓民居五十三家元史天文志

至正七年麗水火　九年冬十一月龍泉見天裂河漢旁　十年麗水螟冬大雷雨草木皆華雨黑黍中白如粉是年松陽旱俱邑志　十二年冬十一月龍泉雷電雨雪十二月雨黑黍龍志　十三年縉雲

火廬舍皆焚縉志是年龍泉旱冬十二月大雨雪
十四年龍泉大饑冬十二月雷是年民有雞左雄
右雌能啼伏　十五年春三月十五日龍泉大霧
咫尺不辨人物夏六月二十日青田賊陷縣治俱龍
志　十六年婺州處州大旱　麗水螟斗米千錢
道殣相望　松陽是年螟元史五行志　十七年縉雲
大旱　十八年縉雲火廬舍皆盡是年龍泉縣池
產並蒂蓮七本俱邑志　十八年處州山谷中小草
結實如小麥民採食之元史五行志　青田山竹生米可
食遂昌縣晝聞大聲自天而下沙洲石自行俱草木子

明洪武三年麗水大旱　七年螟　九年松陽旱　十年正月丁酉金華處州雨黑水如墨汁池水皆黑續文獻通考　正月十八日丁酉夜龍泉雨黑水如墨汁俱見邑志　十一年遂昌有大聲如鐘自天而下續文獻通考　十二年五月戊子青田縣淫雨山水大發没縣治壞民居　十七年龍泉水壞民居

永樂七年七月甲申麗水縣霖雨山水驟湧壞田廬漂人畜　十四年秋七月慶元大水　十七年青田鶴大集青田號鶴城以鶴爲瑞是秋中式十六人自後鶴至必得科名　十八年麗水大水青田

水

正統五年麗水大水　十年松陽大熟　十三年松陽二十都橫山民居出血里許厚一尺雞犬不食

十四年五月縉雲隕霜是年宣慈鄉陳鑑胡作亂焚掠鄉邑官民廬舍殆盡

景泰七年麗水大旱　縉雲同

天順二年三月雷火焚縉雲仙都獨峯頂七日不息遙見一人著縞衣徘徊其上久之淩空而去俱見各邑志　四年杭州嘉興湖州甯波紹興金華處州四五月陰雨連綿河泛溢麥禾俱傷明實錄

成化元年七月浙江各府州縣久雨稻苗腐爛歲饑明實錄　三年夏六月慶元地震秋八月大雨雹　八年八月二十三日龍泉火焚燒二十餘家及濟川橋　九年麗水大水　松陽旱　十三年大水　宣平不雨米價騰踴　縉雲秋大旱　十五年松陽大水壞田地　十八年宣平不雨　十九年七月麗水木生黑蟲　青田水　宣平大水壞民居三百餘家溺死百餘人牛畜以千計　景甯六月十九日大水壞田廬無算民多溺死　雲和六月大水日午雨如瀉夜分溪水高二丈溪民廬舍

漂沒是年縉雲大雪夜深五丈餘　二十年春宣平旱民間修堤堰墾荒蕪工甫畢五月積雨水溢災如上年　二十二年宣平大旱俱見各邑志

宏治元年二月十六日景甯縣北屏風山有白馬成羣從牛首山迤邐騰空而去續文獻通考　四年縉雲旱　五年宣平旱　六年龍泉彝山崩　八年龍泉艮溪練端家伏雞皆雄質雌文連數窠家亦無異　十三年正月縉雲雨雹大如雞子屋瓦皆碎　十八年八月縉雲地震

正德三年麗水大旱　宣平同　龍泉冬無禾　縉

雲大旱五月至十月不雨饑死甚衆　五年縉雲旱　麗水是年大水平地高五丈　七年宣平旱

八年七月二十二日龍泉火自縣前延燒總鋪譙樓按察司濟川橋及民居二千家九月二十六日崇因寺火燬銅鐘五千觔融液殆盡　十年縉雲大雹三月十六日四月初一日凡二次　是年松陽旱　十一年松陽地震雪積丈餘　十三年麗水火　景甯是年大水漂没田廬溺死甚衆

嘉靖九年龍泉二月至四月不雨溪井皆涸五月大

水十五日大雨至十九日止平地水高一丈五尺
傷人畜無算留槎洲漂蕩俱盡　四年麗水大水
松陽同　元年至四年禾皆白漂斗米百錢
五年青田水　松陽大旱　縉雲大旱　六年麗
水大旱是年松陽麥大稔　景甯六年大祲民老
弱者闔門殆盡强壯者出爲盜　七年麗水大水
八年八月縉雲大水漂没田廬溺死甚衆　松
陽蜃出　宣平八月大水　遂昌大水二蛟並出
壞橋堰居民溺者甚衆　九年夏六月慶元大霜
殺禾　宣平是年八月大水　十年麗水大水

十一年七月二十八日麗水大雨溪水暴漲十餘丈漂流數百家　青田同　十四年正月朔松陽大雪五日　十五年十二月大雷電　十六年松陽二十都十八都山裂二十餘里冬地震如雷　十八年七月宣平大水　十九年麗水蝗　縉雲蝗六月火焚民居數百家　二十年麗水火自三坊口延府前譙樓是年多火患　二十一年麗水大旱　二十三年縉雲火　二十二三四等年宣平連旱邑志　二十六年縉雲火焚民居數百家　二十七年縉雲大水舟至縣門渰沒民居大半

二十八年縉雲大水漂蕩田禾廬舍　宣平火自縣前坊起至太平坊　二十九年麗水大旱　松陽旱　三十年麗水大水　松陽潦　慶元白馬精見精白政和來氣如硫黃中者卽昏婦人尤甚闔邑驚惶達旦後迎五顯神驅之旬日乃滅　三十一年四月松陽雷擊死牛五背有字莫辨次年是日又如之　三十四年正月縉雲大雪積十四日深丈餘　麗水大水　宣平臘月雪積丈許烟火幾絕次年二月方消盡後連年大稔乃知爲瑞

二十八年麗水火起縣前延及府治　四十二

年青田大水蜃出十一十二都大雨山裂水漲衝壞田地三十三頃四十餘畝溺死男女三百二十三口漂没房屋七百五十二所　四十四年冬松陽雷震大雨雪又下黃土

隆慶二年麗水大水　三年秋麗水大水是年七月青田大水傷田地五頃餘　縉雲七月大水淹没廬舍　六年六月七月青田大水壞田地四頃有奇

萬歷元年麗水旱禾盡槁　二年麗水大水　六月青田大雨溪水暴漲衝壞田廬　是年慶元地大

震官舍民居傾頽　三年冬十月慶元八都雄雞變雌　五年九月縉雲彗星見西南方犯斗度至十二月乃滅　十六年麗水大旱疫　是年四月朔慶元大水衝壞北城七十三丈民居漂没人多溺死　十七年縉雲大水　十八年遂昌知縣萬邦獻重建文廟得巨材爲梁斲之龍翔鳳翥脉若天成　十九年宣平大火三坊延燒幾盡以上俱見邑志丙申年郡學生連理木郡守任可容立石志之今石尚存見梅簃隨筆案丙申爲萬歷二十三年　二十四年十月麗水大雪至次年正月不止　二十五年松陽池塘

水漲蕩漾有聲　二十七年七月縉雲大水　二十九年三月夜松陽大風雨雞木嶺文昌閣仆是年七月縉雲大風一晝夜　三十一年六月松陽大風松樹墩石亭仆壓死四人是年十二月麗水大火府譙樓災焚民居數百家　三十二年麗水地震是年十一月松陽地震案金華府志是年十一月初九夜八縣震當是同時　三十三年松陽旱　三十四年府學郡署產紫芝皆重蓋　松陽是年旱　三十五年三十六年松陽復旱　雲和大水溪高數丈縣前街陷二里許壞民屋五百餘間三都龔鋪山崩壞田廬

傷男婦四十餘人　三十七年八月青田洪水暴溢二十餘丈舟行城內救溺漂蕩民居殆盡　麗水是年大水漂没田廬　松陽是年旱　三十九年七月縉雲大水

天啟二年麗水火府前民居延燒殆盡　五年七月二日夜遂昌有大星自西流東尾長二十餘丈光芒如月有聲如雷自是每夜流星如織　七年五月縉雲大水田地災傷

崇貞元年春三月麗水隕霜殺麥　縉雲三月大霜三年四月縉雲大霜四年八月又大霜　五年

二月麗水火七月無雨火災四起蘆灣青林尤甚知府朱葵捐賑有差是年冬遂昌天雨粟形如黑黍惟西鄉近三衢有之　六年七月六日午時遂昌五色祥雲見西北方　七年麗水大水田廬漂没　八月縉雲大水較天啟七年災更甚　八年五月麗水大水入城淹官署民房幾盡應星橋城壞死者七人水退沿溪積屍無算知府朱葵按戶賑恤九月二十五日戌時地震　九年七月青田天鼓鳴山溢洪水壞民居方高山湧出二物形如牛　宣平大火如萬曆十九年是年春荒夏旱三

月不雨是年遂昌儒學教諭廳前地産紫芝之一
十年麗水大饑民食蕨根蒸白墡泥食之名日觀
音粉　青田同　十六年三月清明午刻雲和縣
門鼓樓白火　十七年縉雲大水民居漂没二月
初七日雲和某寺金剛動巳時起未時止僧驚眩
國朝順治四年四月縉雲大雨雹大者如盌屋瓦盡壞
菜果禾麥俱盡次日大風雨淩霄塔院頂龍毀又
壞石牌坊一座　遂昌是年西鄉民生子眼圓而
多白口濶有牙而撩遍體青黑大倍凡兒民懼爲
怪溺之　五年七月十七日雲和大雨三晝夜不

止三都東坑下嶺淹死畬民四人　慶元九月天晝晦冬十二月羣虎食人　六年遂昌西鄉民生子三歲死埋園中雷擊而蘇取歸養之有隙者危之日此雷震子不聞於官當有罪民懼斃之俱見邑志　十四年處州潦城外壽元山蜃出通志　十七年庚子夏五月慶元颶風發北壇樹木盡拔　十八年夏五月慶元大水冬十一月虎食人署縣事同知田嘉修禳之去

康熙三年宣平五虎盤踞槁嶺傷人甚衆五年縣及尉率鄉民持械鳴金盡伐茂林虎入郡城爲害本

府同知沈協鎮中集民兵掩捕盡斃之是年大旱俱邑志　四年麗水縣水通志　五年松陽旱　慶元是年地震　七年六月十七日戌時景甯地大震　九年松陽旱　宣平是年冬大雪積六尺許　景甯十二月大雪自初三至十四始霽平地五六尺高山幾盈丈　慶元是年羣虎食人知縣程維伊禱於城隍神虎遁跡　十年麗水縣旱蝗　青田青蟲食苗　十一年三月縉雲火發城中延燒縣治恍有黧面人從空中放火衙丁捕之不見　松陽十二月大雪積五尺餘　十二年某日日將

西景甯有蟲起自鷄峯蔽天而飛六七陣斷續相繼向南而去是年春雞毛管內生蟲比戶皆然人不敢食　十三年縉雲遭閩亂至十六年連受兵荒　十四年麗水縣疫　青田八月大雨七月水湧山崩壞田廬壓溺死者無數是時邑陷於閩寇

十六年春景甯每日午後有虎嘯於天馬山薄暮行鳴市中漸二三爲羣白晝踞坐石印山時從屋側攫取豚犬半歲乃去　十七年縉雲大旱禾傷　十八年蝗　十九二十兩年復旱俱見各邑志

通志康熙二十年處州自三月大雨至於五月秋

大旱至冬不雨五月十二日宣平志十三日宣平縣大茶山陷成一龍窟長一里許廣四五丈汪洋澄澈深不可測魚鼈出沒於松杉間歷歷可數雖久旱不涸 青田二十年春天雨豆或赤或黄如綠豆大堅不可食種之不生自是連歲豐稔 麗水是年雨豆色黄赤堅不可食種之亦不生 雲和亦雨豆 松陽旱 通志康熙二十一年五月處州元妙觀前井鳴自辰至午 通志康熙二十五年閏四月處州大雨水高於城丈餘 麗水志四月大雨四晝夜漂沒田廬溺者無算 雲和志同 青

田志康熙丙寅閏四月二十六日洪水横溢高故岸二十餘丈排山拔木城邑爲墟凡學宫縣治祠廟民舍悉漂入海上流男女樓居者連屋浮下尚攀屋號呼燈熒熒未滅隨奔濤遊没無論橋梁道路田畝盪毁殆盡即山川谿谷崩徙易面不可復識戸口隕溺流亡尤難勝紀蔬穀雞犬不遺種

宣平志閏四月二十一夜雨至二十六日不絶漂没田廬無算濟溪居民搬移不及有被溺者是年題蠲十分之三　松陽縣志二十五年閏四月大雨四晝夜赤塔埠房屋漂没南門水滿七尺舟行

城市傍河廬舍俱漂淹斃人口壞四鄉田地三十餘頃石堰橋梁俱壞　景甯志閏四月大雨三晝夜洪水陡至蛟蜃徧發衝決田廬無算　麗水志五月虎入城　慶元志夏四月朔大水衝塌城西數十丈　二十六年六月十三日雨雪　宣平是秋旱　二十七年秋宣平旱　二十八年麗水自夏至冬不雨井泉皆竭火災四起冬十月雷虹見十二月又火　松陽旱　宣平自六月至十月無滴雨井泉皆涸是年正月

恩免通省地丁　二十八年某月日大晴將午景甯烏鐵

巖下忽橫裂大水湧出頃之黑雲滃然而合大雨

如注上橋以南屋皆水溢數尺男婦驚避至晚始

定至今裂痕長數十丈　二十八年正月雲和建

學宫越十餘年枯柏萌芽枝葉重翠七月十五日

午時火延燒民居百餘間　二十九年三月十六

日戌時景甯地震　三十二年四月宣平雨黃泥

沾草木葉不脫　是歲景甯大有年禾穗雙歧

三十三年春景甯山中羣虎搏人未市歲傷五十

餘人無敢樵採者邑宰朱軫裔設醮元壇廟禳之

越數日有弩人至自閩射獲七虎其二徙去十餘年無虎跡　三十四年冬慶元地震　三十六年松陽旱　三十八年景甯油田居民王國厚家牛產一犢有兩首　四十二年六月十六日午後景甯天有聲如炮聲闊數百里　四十三年縉雲秋禾災　景甯是年八月竹筍大生所在皆然未採折者成竹　四十五年二月十三日午後景甯有蟲蔽天而飛斷續數陣過鴉峯亦向南去　四十六年八月十五日景甯大水　四十七年三月晦穀雨節辰時天有聲下如炮震山雉咸驚起或云

天鼓鳴　四十八年四月初七日遂昌雨天花有形無跡是年壽光宮火、慶元是年夏五月大水　四十九年麗水大風雨雹　景甯是年十一月二十一日天甫曙雷鳴虹見　五十年九月十一日亥時地震　五十二年冬十一月宣平大火縣西街沿燒至太平坊　五十九年夏五月慶元大水

雍正二年九月松陽南門籌官鋪火北至上太平鋪東至橫街塔頭鋪大街居屋俱燬　慶元是年夏五月大水　六年景甯二都油田普福寺池內生

嘉禾一本高七尺分二十三穗莛碩堅好色潤如
金邑令陳獻於郡　七年遂昌泮池産並蒂蓮二
十年松陽饑蝗食禾　景甯夏秋間蝗傷稼
慶元夏六月禾生黑蠅　十一年六月二十七八
景甯連日雨東鄉山水暴漲縣治深數尺橋梁道
路衝塌甚多　十二年雲和虎入縣署二次　十
三年六月縉雲山水衝發田禾被淹　遂昌是年
明倫堂階下産紫芝　雲和大饑
乾隆元年七月慶元大水　三年七月大旱青蟲食
苗　七年慶元虎食人知縣鄒儒命射戶捕殺患

始息　九年八月初二日宣平大水通濟橋毀

十年宣平虎患橫甚傷人至三四十鄉設虎圈虎

有死者患始息　十三年四月慶元大水　十四

年景甯一都渤海坑吳起才家梅實遍樹並蒂者

三年　十五年宣平旱　景甯七月甚雨大溪水

漲四五丈一異物黑且角鼓浪如傾灝水地多衝

陷隔日水落兩岸草木皆萎　十六年七月景甯

一都包岸陳大翼家豬產一象婦人駭其狀異擊

殺之　十九年四月慶元地震　二十年宣平旱

二十一年夏四月慶元大水　二十二年六月

景甯有白蟲無數亦自鴉峯向南去　二十四年宣平大水　二十五年五月慶元大水　二十六年五月大雨十三都高亭出蛟壞田廬　景甯八月大水壞田無算　慶元十一月羣虎食人署典史陳子佳募强弩射之獲虎三　二十七年宣平旱　二十八年十二月初五夜雲和坊一街前火延燒民居五十餘間　二十九年宣平大水　景甯是年三月山竹作花而實遂枯至春復發　慶元二月大冰雹　三十年七月十九日戌時景甯地大震屋壁震響几案擺簸樓閣房舍仄而復整

梁柱錯拆有聲頃之始定鄰邑皆然　三十二年宣平大水　慶元五月大水西隅民屋沉溺　三十三年八月景甯大雨水田畝有衝塌者　三十四年景甯虎入防弁署並田洋等處傷人　三十五年正月丁酉慶元彗星見戊戌火延燒治前數十餘家狀元尚書兩坊並燬三月大水　三十七年宣平旱　景甯六月大水田畝有衝塌是年二月鴉峯復有蟲起紛飛斷續一隅爲暗自午後至暮乃止亦向南去遙望蟲大可騈三指　三十八年宣平大旱　慶元五月大水白馬山崩　三十

八年七月景甯大雨水近溪禾稼有傷　三十九年景甯西南鄉禾穗兩歧　雲和六月大雨二晝夜不止一二五九都民廬漂没無算七八都山崩壓傷四人　慶元是冬雄雞自斷其尾　四十年景甯鮑山頭民家米鳴滿盟跳擲窸窣作聲　四十一年十二月初五日景甯大雪平地積尺許花盡六出十七日又雪大相等十餘年所未見　雲和三都五樹莊山裂數百丈　四十二年宣平旱景甯大有年　四十三年戊戌景甯大有年

四十四年宣平旱是年十二月青田城中大火

四十五年三月慶元大水十一月大水　四十六年宣平大旱　四十八年五月十八日宣平大水漂没田地甚多　景甯是年蝗入境水灾民大饑　慶元是年七月戊戌彗星見庚子火延燒治前百餘家　五十年宣平大旱　遂昌是年十九都宏岡民家豬生三象越數日俱廢嗣後連年豐稔　雲和是年四都烏杜坑虎傷七人　五十二年宣平霜早隕靛苎蕎麥豆俱無收　五十三年四月慶元大水金溪水溢西入城轉北城衝出壞城九十餘丈淹塌西北隅民居溺死者數人　五十

五年十二月二十五日宣平陰氣凝結若霧若露者三日著樹皆凍竹木多被折損殆漢志所云木介者也　六十年四月慶元蓋竹山崩坍沒普化寺於隔溪山下死者四人

嘉慶元年正月麗水大寒殺麥八月初一日大風折木壞廬舍　縉雲正月初旬雨木冰樹折麥苗黃腐越數日和煦草木榮麥大熟　遂昌是年八月十九都案下農家牛產麟鱗甲遍體甲縫中生茸毛楮黃色口目紅似丹砂甚鮮明口扁濶目長如鳳眼形狀與典籍所載麕身牛尾馬蹄者無少異

農不知爲麟也刀刮其鱗血出而斃是歲大稔
二年十二月十八日雲和城隍神忽汗出境外雨
雹屋瓦皆碎雲獨無恙　四年慶元縣羣虎食人
五年四月麗縉宣遂松五邑災五月宣平疫痢
死者衆六月二十三日麗水大雨舟行城上越二
日水退積屍無算壞田地五十五頃有奇縉雲遂
昌同日水　遂昌於二十五日戌刻雷雹出蛟水
過屋脊臨河居民盡漂没二十七日又發水前後
淹没人口數千經大憲奏請分别蠲免有差　宣
平於二十六日漂没田廬溺死男女無算邑令朱

蓮詳請除荒田三頃四十八畝零　六年夏四月麗水雩　慶元羣虎復食人　縉雲七月十五日大水　七年宣平旱　八年夏麗水旱五月朔不雨至六月望始雨　宣平旱　九年宣平復旱　十二年七月十二縉雲大雨雹二十八都間沒黍禾以其稾臚堂靜岳穀落禽饗　宣平是年旱　雲和五月初六夜縣署火　慶元六月大冰雹冬十月天鼓鳴　十三年四月二十三日雲和八都民家有邪魅形如猴知縣陳治策禱於城隍怪絕　慶元是年五月大水七月復大水城內西北

水深丈餘九月地震　十四年三月宣平大風雹
十五年十月十五日縉雲地震　十六年麗水
自夏五月至秋七月不雨民食麻蕨及白土穀石
值三千　縉雲大旱　景甯大旱　雲和夏旱
十七年春二月二十三日麗水大風拔木雹殺麥
壞屋佛頭巖塔尖飄墜隔岸六月十三日大水成
災　十九年十一月慶元彗星見　二十年九月
二十一日夜二更宣平地震　二十一年九月麗
水大旱災　二十四年閏四月二十四日青田城
中火延燒幾二百家　縉雲於九月地震　慶元

是年虎入城　二十五年三月初五日縉雲大雨雹臚堂靜岳間麥畦爲平夏秋大旱　麗水大旱秋七月二十五日大水壞東城七丈　松陽縣東北鄉出蛟水入城東衝壞廬舍　宣平五月旱起至七月十一日霖雨連朝遂大水瀆溪田多漂没是秋百卉萌芽百花放蕊市賣新茶園長嫩筍牡丹亦開半苞

道光元年縉雲大有年　龍泉自夏至後歷四月不雨成災　宣平旱蝗　慶元羣虎食人　二年雲和坊一西城坊火十二月大雪明年春正月乃霽

慶元縣是年羣虎復聚知縣欒韶疏告城隍虎遂遁　五年正月縉雲大雪平地深四五尺　七年宣平大雹樹拆瓦碎麥災　景甯八月初一日大雨水溢　十年八月宣平樊嶺吳宅俞源未刻微雨申酉戌三時大雨如注濱溪隄岸房屋盡漂沒亥刻晴明見月　縉雲是年小旱　十二年秋九月十五日麗水雪十二月二十四日夜雷電大雪山中積丈餘鳥獸多死明年春二月乃霽是年八月青田大水　景甯十二月二十八日大雪旬日始霽　十四年宣平大疫有合家死者古廟及

路亭死者尤多東衢安鳳爲甚　縉雲是年春大疫死者萬餘人六月二十八日大水平地如潮羣山[illegible]多不勝數漂蕩田禾廬舍二十六都下魯莊外有石矗立大近百圍高約十丈名飯甑巖下有祈雨殿山既裂巖與殿移底坳處立原位陷穴廣數畝殿前田千餘皆併疊陵谷變遷古所希聞

十五年麗水大旱災　縉雲大旱自五月至八月不雨　景甯旱　十六年十二月十九夜雲和七都高沈莊火燒民居八十餘間　十七年六月遂昌治北五里藥町寺池中巨鯉吐沫如霧時無雲

翳霹靂忽震鯉向東北衝壁而逝　二十二年冬十月初三日麗水火自尉心橋至三坊口焚民居一百四十七家　縉雲箬竹生花紫色結實如麥可食其竹盡枯　二十三年七月十二夜麗水大雨山水暴發二十二都二十三都田廬漂没　雲和是年夏雨雹大如斗小如拳植物屋瓦俱損傷人畜甚衆　二十四年松陽連旬大雨水溢城鄉十五六都衝田廬無數　麗水冬十二月二十四夜雷電雨雹大雪　二十五年松陽旱　縉雲冬大寒樟樹枯死逾一年始生萌蘖　二十六年四

月青田芝溪大雨雹無麥六月旱七月大水　縉雲大旱　松陽城南善覲鋪火上至桶蓋亭西至官塘口及市墈頭亭下市屋俱燬　雲和夏旱七月十四日大水七都右管瀨溪田廬漂没是年各處箬竹生米可食　二十七年麗水旱　二十八年七月十九日景甯雨三晝夜大水成災瀨溪漂没田廬無算　縉雲是年七月十八大風拔木偃禾十一月初十辰時地震　二十九年麗水大疫　三十年六月青田大水　縉雲於六月朔有物墜東南方大數圍色白有聲如雷至地不見

咸豐元年春縉雲地震秋又震　二年九月初十夜雲和有星大如斗自西墜東光如電閃聲如雷須臾止　景甯是年九月初十日酉刻有星光如電自南隕西聲若雷震者六七或云天鼓鳴　三年麗水大水　青田六月大雨十晝夜山崩水湧漂没田廬無算　雲和三月十六辰時地震是年七都長汀莊山裂二百餘丈　景甯六月二十六日大雨十晝夜夜半五都竹埠村後山崩壓斃七十三人七月地震　四年麗水旱　縉雲東鄉二十五六都塘水沸騰高尺餘踰時方止　松陽大水

雲和是年七月三都龔鋪莊山崩壞田數十畝
八月八都周坑莊山崩壓死男婦三十七人　五
年七月麗水大水　松陽是年地震　雲和是年
七月初十日大水成災各處山崩田廬漂沒者不
可勝算一都大倉莊溺死二十餘人三都花岱嶺
莊溺死六人　景甯於七月初十日大雨如注山
水暴漲六都黃壇坑東岸際頭洋等村田屋俱壞
黃壇坑村淹死三人　六年六月初一日麗水廈
河樟樹大十餘圍自焚初六日南明門外水南樟
樹大亦十餘圍無故自倒聲震山谷　松陽九月

大雷雨三都陽家堂談竹等莊山俱崩裂數十餘丈 七年八月麗水地震是年七月縉雲大水平地深二丈許壞繼義橋廬舍堰壩盡圮 八年九月麗水大疫 龍泉正月望後羣鴉飛鳴晝夜不已二十一日粵賊竄浦城邑民聞警出避鴉亦寂然四五兩月白晝羣鼠銜尾疾走大路旁亦見之 景甯是年比戶雞翼斷毛如剪八月二十九日有星芒甚長直指西北 九年三月麗水地震是年遂昌妙高書院望遠亭側產紫芝 景甯是年正月十五日四都庫頭渡船夜鳴四月初二日午

後大風陡起昏暗數刻秋大旱　十年五月麗水火　景甯是年秋某日午後見日光如血窗壁皆紅　十二月十七日梧桐等處大水　十一年二月二十四日景甯於晡時日下見船形三隻中有人自東而西日光皆赤是夜月色亦然五月二十八夜有大星光芒直射東南六月望後始没七月二十七日大水三都木耳口四都秋爐爐西五都天淤東埔箬要楓林等處漂壞民田甚多自前七八年來有獸如犬狀屢入城市並各鄉攫噬牲畜無算人以爲海狗云

同治元年七月景甯大水　麗水八月大疫　三年三月十九日景甯天雨豆色斑𩚖眼堅不可食種之不生四都張村各處皆有之是年一都渤海陳某家中米鳴　四年三月青田大雨雹無麥　松陽於正月大雪積三尺餘　景甯於正月十五日大雪十餘日平地數尺深山幽谷至三月始消　五年九月十四日青田地震是年六月縉雲地震　景甯五都大潦民家一瓜蔓尾忽結實百餘未幾被疫八月十三日地震聲如雷屋宇傾側是年季冬雷數鳴梨樹花　七年七月二十五日景甯

夜雨滂沱二都北岸白岸石埠坑等處大水傾没田疇無算嵐頭至沈班橋路盡塌　八年十一月麗水火自耐心橋至四牌樓下焚民屋一百餘家　九年十月遂昌雨穀外黑内紅西北鄉較甚妙高書院聽泉亭畔復生紫芝一莖是年五月景甯桂花齊開　十年二月麗水大風壞墻壓死三人　青田二月大雨雹　景甯一都石桂民家牝雞化爲雄　十一年三月遂昌西南鄉雨豆狀如稀豆　景甯三月初一初三日大風拔木雨雹大如鹽有至觔許者一都至青田尤甚　十二年松陽

麥大稔 六月麗水大雨雹傷稼 十三年四月麗水大風折屋壓死數人 青田三月雨豆 縉雲沈宅孔氏宅雨鐵又雨錫抬視無異 俱見各邑志

十三年七月十二夜宣平北門外數十里洪水泛濫均莊距城十里是夜雷電風雨山崩地裂水高丈餘居民奔避樓檐牆垣倒壞梁柱震撼哭聲水聲相雜水退查詢湮没男女二十餘人衝塌民屋八十餘處傳爲蛟庫 採訪册

光緒二年閏五月五日遂昌氣候如深秋人皆重棉細雨竟日西南鄉高岡雨雪山民初疑爲雹見樹

杪皆積始知之是年歉收　青田四月雨豆六月

十二日大水　宣平大水　三年五月宣平大水

災賑附

宋大中祥符九年麗水大水朝廷遣使發廩賑貸麗志

乾道九年婺處台温州久旱無麥苗宋史五行志

淳熙元年浙東饑台處爲甚　七年浙郡縣皆饑

紹興五年浙東西郡縣自去冬不雨至於夏浙東西

皆饑

嘉定十六年浙郡國皆無麥禾同上

嘉熙四年麗水大旱　松陽旱　縉雲大饑俱邑志

淳祐十二年六月處州水遣使振恤存問除今年山租宋史本志

明正統十三年浙東俱亢旱無收縉雲大饑明實錄

景泰元年六月免處州戶口鹽鈔三年四月免處州無徵稅糧同上

成化二十一年青田民艱食竹生米宣平秋夏之交鄉民艱食四山箬竹生米採可療饑邑志

正德四年春夏龍泉大饑民采樹皮舂磨作餅食之多斃邑志

嘉靖十二年正月以旱免杭紹温處四府田糧有差

十八年閏七月以水免杭嚴紹金衢處等府稅糧有差明實錄

二十四年青田大饑麗水大饑死者甚衆縉雲大旱無麥饑斃甚衆各邑志

隆慶二年十月以金衢嚴處四府旱停免稅糧有差明實錄

三年以水災免麗水青田縉雲松陽遂昌龍泉雲和等縣存留錢糧續文獻通考

萬歷三年麗水旱斗米千錢慶元大饑五月民間絶粒野多餓殍知縣沈維龍發倉賑之民困始甦各邑志

天啟三年四月麗水大水無麥邑志

國朝順治七年六月遂昌縣水青田縣饑斗米六錢通志

青田是年夏秋無麥禾民多流亡景甯七八兩年大饑石米價六兩道殣相望邑志　八年麗水遂昌二縣饑民掘山粉爲食穀價每觔二分五釐　十二年慶元大饑多餓殍知縣石聲垣先賑粥五日民間樂施者日煮粥於塔院邑志

康熙十年宣平大旱大府題請蠲賑慶元夏五月大旱青蟲食苗知縣程維伊詳請蠲免邑志　二十八年戸部覆准宣平縣上年旱蝗被災田畝按分數免本年正額錢糧通志　三十二年雲和大水成災

知府劉廷璣捐賑邑志　三十六年宣平大雪禾龍芸俱敗署縣事郡佐宋廷詳題蠲地丁一千六百兩賑米八百石邑志　案通志三十七年戶部覆准宣平縣上年被災田畝應徵銀一千六十六兩零照例蠲免邑志作六百兩係誤　是年慶元饑　三十九年正月戶部覆准浙省嵊諸暨青田三縣上年被災田畝應免錢糧六千四百八十三兩六錢零通志　案三十八年青田被災邑志未載　四十一年縉雲秋禾被災十二月戶部覆准縉雲縣被災田畝應免銀一千九百二兩四錢零照例蠲免仍查明眞正災民動支穀石賑濟邑志通志　四十二年宣平大旱米騰貴縣

令韓宗綱詳題蠲地丁銀一千六百兩賑穀三千餘石　四十三年正月戶部覆准諸暨嵊淳安縉雲宣平五縣上年被災田畝應免銀二萬四千六百八十九兩二錢零照例蠲免仍動支存倉穀石賑濟通志　五十三年麗水大水宣平大旱署縣令戴世祿縣令張廷祐詳請蠲賑是年十一月戶部彙報秋旱覆准麗水縉雲松陽等縣被災田畝應免銀兩照例蠲免仍令查明災民動常平倉米穀賑濟邑志通志　五十四年松陽大旱蠲賑邑志　五十八年縉雲旱十月戶部彙報亢旱覆准縉雲縣

被災田畝應免銀照例蠲免邑志通志　六十年宣平大旱縣令于樹範詳請賑濟并設法施粥　六十一年松陽大旱賑濟

雍正元年松陽大旱賑濟宣平大旱縣令于樹範請賑施粥與六十年同俱邑志

乾隆元年縉雲大水詳請豁除衝壓田地應徵銀兩　十二年松陽大旱賑濟　十五年雲和饑每石米銀四兩　十六年縉雲饑松陽大旱賑濟宣平大旱縣令陳加儒詳請蠲免錢糧一百四十九兩一錢三分米一十六石五斗八升賑濟銀一千三百

餘兩米八百五十餘石撥運台穀漕米五千石

十九年慶元大饑　四十九年景甯饑慶元大饑

五月大水西隅民屋沉溺

嘉慶五年麗縉松遂宣五縣水災漂沒人口衝壞橋

堰沙石積壓田畝經大府　奏請分別蠲豁賑䘏

有差俱邑志　十年宣平大旱南鄉爲甚縣令王愷

請賑不允晉郡泣求得賑邑志　十四年慶元大饑

十六年宣平大旱縣令楊士雲詳請賑濟　十

七年雲和大饑民食老鴉蒜及觀音粉景甯是年

大雨雹七月大水成災人民饑困有星光芒長數

十丈　二十一年宣平大旱縣令嚴芝芳詳請賑濟穀一千四十八石　二十五年雲和大旱災民食草木七月二十三日大水壞民田禾盡淹景甯旱饑

道光元年松陽大旱饑殍甚衆龍泉自夏至後歷四月不雨成災雲和大饑斗米錢四百景甯亦大饑　四年雲和大饑縣令李世綬按戶賑卹　十一年春縉雲米騰貴斗值錢七百自夏徂秋蟲蝕松針殆盡　十二年縉雲復大旱饑道殣相望宣平大旱縣令李興元詳請賑卹穀七千九百五十三

石六斗銀四千七百七十二兩一錢六分地丁錢糧緩徵　十三年景甯大疫七月大水平地丈餘是歲饑冬大雪雲和大雪凍飢流亡者不可勝數龍泉是年大旱鄉民來城覓食多餓斃道旁者　十四年五月麗水大水沙石壅積田地二十頃三十四畝有奇秋疫斗米錢六百鹽一觔值百十松陽大旱穀價甚昂雲和於五月大水漂没沿溪田廬秋旱斗米錢三百鹽觔值錢百景甯是秋大旱斗米錢三百鹽觔值百餘民食草木道殣相望縣令鄭邦漣詳請賑常平倉穀　十五年松陽大旱

賑濟雲和大旱民食樹皮草根秋疫道路積尸無算縣令李錫恩按戶賑䘏之　十六年宣平旱秋雹縣令黃維同詳請緩徵雲和是年饑

同治二年景甯饑斗米值錢百餘俱邑志

光緒二年宣平大水淹斃男女二十餘人衝沒田地十七頃有奇知府潘紹詒詳請賑䘏錢五百緡

三年五月宣平復大水賑䘏如前

處州府志卷之二十五終

佚名輯

【民國】續修浙江通志徵訪册稿（麗水縣）

抄本

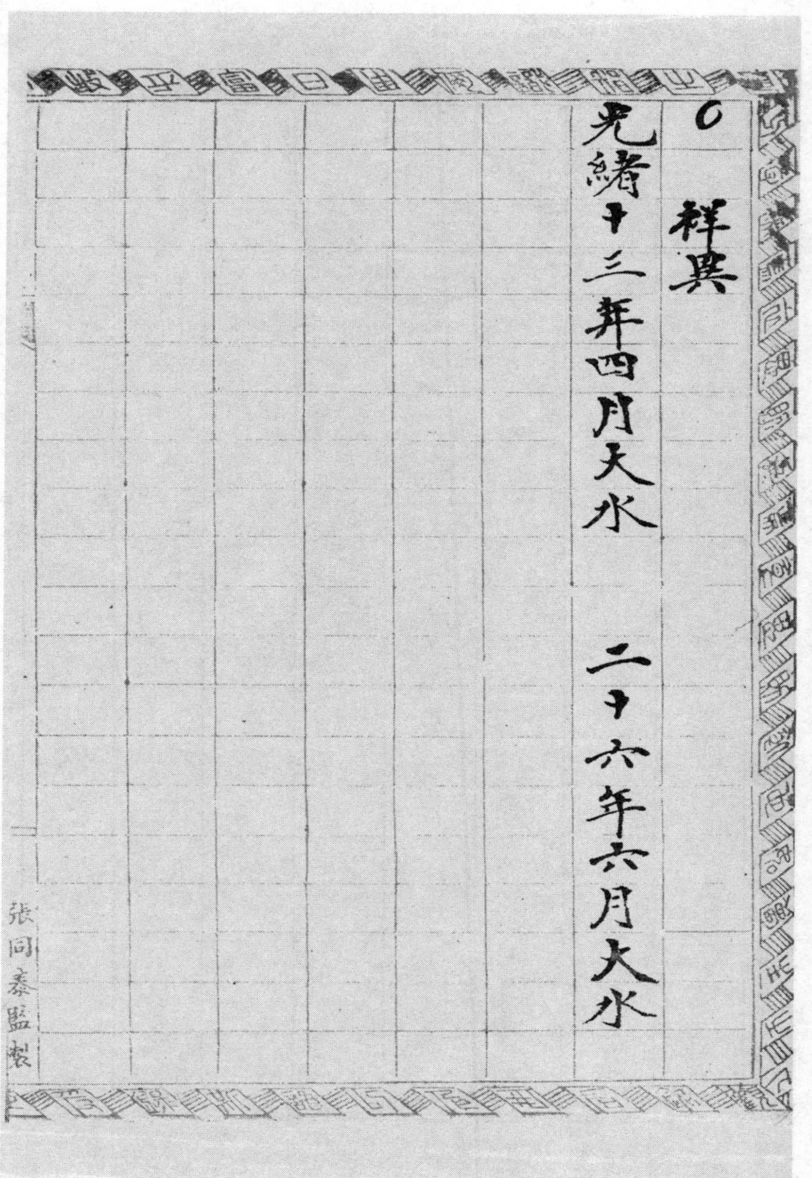

○祥異

光緒十三年四月大水　二十六年六月大水

張同泰監製

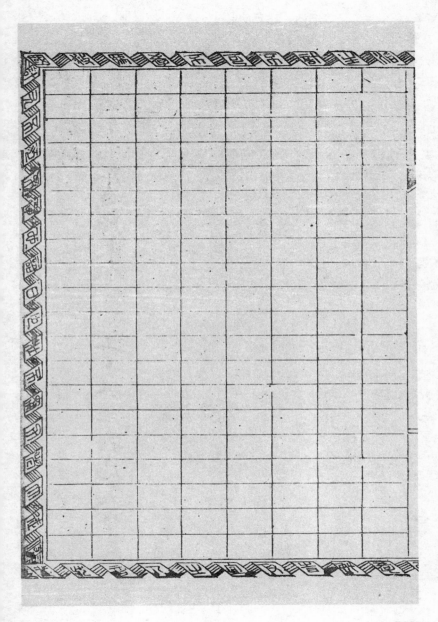

【民國】麗水縣志

李鍾嶽、李郁芬修　孫壽芝纂

民國十五年（1926）啟明印刷所鉛印本

附 災異

唐

顯慶元年九月大風雨溺死七千餘人

神功元年水壞民居七百餘家

文明元年大水溺死百餘人

長慶四年七月大水

開成三年水高八丈

宋

大中祥符九年大水朝廷遣使發廩賑貸

咸平六年八月旱禾再稔郡守楊億上表稱賀

明道二年洪水壞民田

熙甯八年大水入城高至天慶觀楣

元豐二年秋至三年春不雨

宣和六年七月水高六丈餘

紹興十四年八月水高八丈溺死三千餘人　十六年大水如

前　十九年夏蝗

淳熙九年大旱

嘉熙四年大旱

寶祐五年大旱

麗水啓明印刷所代印

元

至元十六年六月旱

元貞二年雨黑米可飯

大德九年六月大水

至大二年蝗

延祐元年螟傷禾

泰定二年螟傷禾

至正七年火　十年螟冬大雷雨草木皆華雨黑黍中白如粉

十六年螟斗米千錢道殣相望

明

洪武三年大旱　七年螟

永樂十八年大水

正統五年大水

景泰七年大旱　口年麗陽山下麥穗雙歧者五

成化九年大水　十三年大旱　十九年七月禾生黑蟲

正德三年大旱　五年大水平地高五丈　十三年火

嘉靖四年大水　六年大旱　七年大水　十年大旱　十一年七月二十八日大雨溪水暴漲十餘丈漂流數百家　十九年蝗　二十年大火自三坊口至府前譙樓是年多火患　二十一年大旱　二十四年大饑死者甚衆　二十九年

麗水啓明印刷所代印

大旱　三十年大水　三十四年大水明史本紀三十六年免寧紹溫台處五府被災者稅糧未知何災　三十八年火起縣前延及府治

隆慶二年大旱　三年秋大水

萬曆元年旱早禾盡槁　二年大水　三年旱斗米千錢　十
六年大旱疫　二十四年十月大雪至次年正月不止　三
十一年十二月大火府譙樓災焚民居數百家　三十二年
地震　三十四年府學郡署產紫芝皆重蓋　三十七年大
水漂沒田廬

天啟二年火府前民居延燒殆盡　三年四月大水無麥

崇禎元年春三月隕霜殺麥　五年二月火七月無雨火災四

起蘆灣青林尤甚知府朱葵捐賑有差　七年大水田廬漂沒　八年五月大水入城淹官署民房殆盡應星橋城壞死者七人水退沿溪積屍無算知府朱葵按戶賑恤之九月二十五日戌時地震　十年大饑民食蕨根蕨盡蒸白墡泥食之名曰觀音粉

清

康熙二十年雨豆色黃赤堅不可食種之亦不生　二十二年無麥　二十五年四月大雨四晝夜水泛溢漂沒廬田溺者無算五月虎入城八月大旱　二十八年自夏至冬不雨井泉皆竭火災四起冬十月雷虹見十二月又火　四十二年

大旱十一月雹　四十九年大風雨雹　五十三年大水

六十一年縣署火

乾隆六十年五月十八日大水壞民田四頃有奇

嘉慶元年正月大寒殺麥八月初一日大風折木壞廬舍　五年六月二十三日大水船踰城入救越二日水退積屍無算册報壞田地五十五頃有奇　六年夏四月雪　八年夏五月朔不雨六月望始雨　十六年夏五月至秋七月不雨民食麻蕨及白土穀一石値錢三千　十七年春二月二十三日大風拔木雹殺麥壞廬舍佛頭巖塔尖飄墜隔岸六月十三日大水成災　二十一年大旱成災　二十五年大旱成

災秋七月二十五日大水壞東城七丈

道光十二年秋九月十五日雪十二月二十四日夜雷電大雪山中積丈餘鳥獸多死明年春二月乃霽　十三年冬十二月十二日大雪三日　十四年夏五月十四日大水册報沙石壅積田地二十頃三十四畝有奇秋疫斗米值錢六百鹽一斤值錢百十　十五年大旱成災　二十二年冬十月初三日火自耐心橋至三坊口災民居一百四十七家　二十三年七月十二夜大雨山水暴發二十二都二十三都田廬漂沒　二十四年冬十二月二十四夜雷電雨雹大雪　二十七年旱　二十九年大疫

咸豐三年大水　四年旱　五年七月大水　六年六月初一
日廈河樟樹大十餘圍無故自焚　初六日南門外水南
樟樹大亦十餘圍無故自倒聲震山谷　七年八月地震
八年九月大疫　九年三月地震　十年五月火
同治元年八月大疫　八年十一月火自耐心橋至四牌樓下
焚民屋一百餘家　十年二月大風壞牆壓死三人　十二
年六月大雨雹傷稼　十三年四月大風折屋壓死數人
光緒十三年四月二十六日大水高城數尺退時應星樓下城
牆倒坍十餘丈　二十六年七月二十日大水　八月初十
日又大水　二十七年九月初十日夜半大港頭庄大火延

燒中段五十餘家　十二月初七日縣前火

宣統元年十月二十一日府前火　三年三月十三日未時城西雨米　七月初九日大水

民國元年七月十八日大水　八月初八日又大水連遭浩刼沿溪一帶田廬漂沒人畜溺斃無算　十二月二十三日高井巷火　七年二月二十七日栝蒼門外火房屋延燒殆盡

七年冬南元區河川下村古樟一株高二十丈幹大十餘圍中空洞高五六丈寬可容百餘人同區玉溪村下有古樟一株西義區槪頭庄古樟一株均高十數丈大亦數圍先後均自焚惟河川一株經一晝夜始熄而幹尚剩三分之一若

龍泉啟明印刷所代印

半月形其枝葉蒼翠如故里人捐建一五顯殿半覆於燼餘樟洞下　十年十月二十日太平坊火　十一年六月大雨兼旬溪水泛溢漂沒田廬水退積屍遍野官紳籌款急賑並蒙華洋義賑會撥鉅款賑濟　十一年九月初三日巖泉門內火　十二年三月下旬北鄉一帶天忽降雹大者如卵人畜擊傷瓦屋毀破田麥木果剝落無存民間損失甚鉅　六月二十七二十八兩日大風　七月初一日大水　十三年民因炭貴入山設舖燒炭被虎攫斃甚衆

【道光】宣平縣志

(清)湯金策修　(清)俞宗焕纂

清道光二十年(1840)刻本

紀異

舊史災祥併書葢天人一理使人察禍福之原

切修省之思也可曰事屬偶然畧而不紀耶

宋

紹興癸酉夏懿德鄉梁氏所居小溪忽中流湧起高二

丈餘若柱然是年梁安世鄉舉甲戌登第至咸淳癸

酉復然梁泰來鄉舉甲戌登第

明

成化乙巳春夏之交鄉民適艱食四山篛竹生米採可

療饑獨宣山爲甚至千餘石

嘉靖乙卯臘月大雪深丈許民間煙火幾絕至來年二月方消盡後連年大稔始知爲瑞見清元宮壁上題

國朝

康熙間邑令于以事詣城隍廟揲筊夜夢神語云有狀元送汝盍賦歸來乎既寤未解罷歸十餘年子敏中乾隆丁巳大魁竟驗其兆以上祥異

明

成化十三年不雨米價騰踊

十八年不雨

十九年大水壞民居二百餘家溺死百餘人牛畜以千

計
二十年春旱民間修築堤堰開墾荒蕪工甫畢五月積
雨水溢災如上年
二十二年大旱
宏治五年旱
正德三年旱
七年旱
嘉靖八年八月大水
九年八月大水
十八年七月大水

二十二三四等年連旱

二十八年火縣前坊起至太平坊竟夕始息

萬歷十九年大火三坊延燒幾盡

崇禎九年大火如萬歷十九年是年春荒稱米三錢夏旱三月不雨亦一刼也　王在鎬曰是年災荒異常既無食又無居幾無縣矣予不職殫費心力直不知救荒作何策也有俞廣文歌

國朝

順治八年大旱

康熙三年五虎盤踞槁嶺傷人甚衆至五年縣衙督率

鄉民持械鳴金盡伐茂林虎入郡城爲害本府同知
沈恊鎮申集民兵掩捕日斃五虎是年大旱
九年冬大雪積六尺許
十年大旱廵撫范公　題請蠲賑
十三年至十五年閩逆煽亂焚燬民居百姓逃竄田土
荒蕪
二十年旱大萊山頂土名陳衕於五月十三日白晝晦
瞑聲如雷震兩山崩陷交塞谷口中成龍窟長可里
許廣四五十丈汪洋澄澈深不可測魚鼈出沒於松
杉間雖大旱不涸

二十五年大水閏四月二十一夜大雨至二十六日不
絶漂没田廬無算濱溪民居搬移不及男婦亦有被
溺者是年　題蠲十分之三

二十六年秋旱

二十七年秋旱

二十八年大旱自六月至十月無滴雨井泉皆涸民間
食水維艱是年正月

南巡

恩免逋省地丁

三十二年四月雨黃泥沾草木葉不脫摘李仁灼詩想是土爰成稼穡

故飛正色兆豐年

三十六年八月大雪禾靛莩一概空黑署縣郡糧廳宋庭詳 題蠲地丁一千六百兩賑米八百石建生祠堂左側未構而廢

四十二年大旱稱米三錢邑令韓宗綱詳 題蠲地丁一千六百兩賑穀二千餘石

五十二年冬十一月大火縣西街沿燒至太平坊燬屋甚多

五十三年大旱署令戴世祿邑令張廷祐詳 題蠲地丁銀 千 百 餘兩賑常平倉穀 千 百

餘石

五十八年七月蟲災

六十年大旱邑令于樹範詳　題賑濟并設法煮粥以
濟饑民

雍正元年大旱邑令于樹範詳　題賑濟設法煮粥與
六十年同

乾隆九年八月初二日大水通濟橋毁

十年虎患甚橫傷人至三四十餘前灣潘姓謀設虎圈
各鄉亦倣爲之虎有入圈死者其患始息

十二年旱

十五年旱

十六年大旱邑令陳加儒詳　題蠲免錢糧一百四十九兩一錢三分米一十六石五斗八升賑濟銀一千三百餘兩米八百五十餘石接運台穀漕米五千石

二十年旱

二十四年大水

二十七年旱

二十九年大水

三十二年大水

三十七年旱

三十八年大旱

四十二年旱

四十四年旱

四十六年大旱

四十八年五月十八日大水漂没田地甚多

五十年大旱

五十二年霜旱隕靛苧蕎麥豆俱無收

五十五年十二月二十五日陰氣凝結若霧若霰者三日著樹皆凍竹木多被折損殆漢志所謂木介者也

五十八年五月二十日大水

自乾隆十九年至此賑䘏無考

嘉慶五年四月五月疫痢死者甚多六月二十六日大水漂没田廬無算舊東嶽宫永福堂燬有鄉民適借寓避登伙屋脊水退僅留此屋間半餘俱漂流東嶽宫樑直漂至永嘉西門外一都四鮑家嶺閩民構蓬山麓居有年矣頗小康值喜慶戚屬咸集午夜山水陡發全村俱没捷足登阜者僅留數人是歲臨水村落多被冲坍男女溺死者不少邑令朱蓮詳請除荒田三頃四十八畝零

七年旱

八年旱

九年旱

十年大旱南鄉爲甚邑令王愷請賑不允詣郡面求繼以痛哭始允請賑下鄉

十二年旱

十四年三月大風雹

十六年大旱邑令楊士雲詳請賑濟下鄉穀八百五十一石三斗二升五合銀　百　十兩

二十年九月二十一夜二更地震

二十一年大旱邑令嚴芝芳詳請賑下鄉穀一千零肆

十八石二斗銀　百　十兩
二十五年五月旱起至七月十一日霖雨連朝遂大水
濱溪田多漂没高田苗未秀已被旱得雨懷新俗謂
二層稻尚可半獲是秋百卉萌芽百花放蕊市賣新
茶園長嫩笋牡丹亦開半苞時物一變邑令劉以實
詳請賑濟穀二千四百八十四石二斗二升五合銀
百　十兩
道光元年旱蟲
七年大雹樹折瓦碎麥災
十年八月　日樊嶺吴宅俞源未刻微雨申酉戌三時

大雨如注濱溪隄岍房屋盡被漂没亥刻則晴明見

月矣

十二年大旱邑令李興元詳請賑䘏穀七千九百五十

三石六斗銀四千七百七十二兩一錢六分錢糧緩

征

十四年大疫有合家死者古廟及戲臺下路亭中死者

不計其數東衢安鳳尤甚

十六年旱秋雹邑令黄維同詳請緩征

【民國】宣平縣志

何橫、張高修　鄒家箴等纂

民國二十三年(1934)鉛印本

祥異

宋

紹興癸酉夏懿德鄉梁氏所居小溪忽中流湧起高一丈餘若柱然是年梁安世鄉舉甲戌登第至咸淳癸酉復然梁泰來鄉舉甲戌登第

明

成化乙巳春夏之交鄉民適艱食四山篛竹生米採可療饑獨宣山為甚至二千餘石

嘉靖乙卯臘月大雪深丈許民間煙火幾絕至來年二月方消盡後進年大稔始知為瑞見清元宫題壁

清

康熙間縣令于樹範以事詣城隍廟禱祝夜夢神語云有狀元送汝盍賦歸來乎既寤未解罷歸十餘年子敏中乾隆丁巳大魁始驗其兆

明

成化十三年不雨米價騰踊

十八年不雨

十九年大水壞民居二百餘家溺死者百餘人牛畜以千計

二十年春旱民間修築堤堰開鑿荒蕪工甫畢五月積雨水溢災如上年

二十二年大旱

宏治五年旱

正德三年旱

七年旱

嘉靖八年八月大水

九年八月大水

十八年七月大水

二十二年旱

二十三年旱

二十四年旱

二十八年火縣前坊起至太平坊竟夕始息

萬曆十九年大火三坊延燒幾盡

崇禎九年大火如萬曆十九年是年春荒秤米三錢夏旱三月不雨亦一切也縣令王在鎬日是年災荒異常既無食又無居幾無縣矣予不職殫費心力直不知救荒作何策也教諭俞咨益作歌以歎之

清

順治八年大旱

康熙三年五虎盤踞槁嶺傷人甚衆至五年縣衙督率鄉民持械鳴金盡伐茂林虎人郡城爲害本府同知沈協鎮申集民兵掩

捕日斃五虎是年大旱

九年冬大雪積六尺許

十年大旱洋災版

十三年至十五年間逆猺亂焚燬民居百姓逃竄田土荒蕪

二十年旱大萊山頂土名陳衕於五月十三日白晝晦冥聲如雷震兩山崩陷交寒谷口中成龍窟長可里許廣四五十丈汪洋澄澈深不可測魚鱉出沒於松杉間雖大旱不涸

二十五年大水閏四月二十一夜大雨至二十六日不絕居民恐惶異常詳災版

二十六年秋旱

二十七年秋旱

二十八年大旱（詳災賑）

三十二年四月雨黃泥沾草木葉不脫

三十六年八月大雪稻禾綻芓盡皆空黑無收饑荒異常嗷嗷待哺（詳災賑）

四十二年大旱邑令韓宗綱請賑（詳災賑）

五十二年冬十一月大火縣西街沿燒至太平坊燬屋甚多

五十三年大旱邑令張廷祜請賑（詳災賑）

五十八年七月蟲災

六十年大旱邑令于樹範請賑（詳災賑）

雍正元年大旱邑令于樹範請賑（詳災賑）

乾隆九年八月初二日大水通濟橋毀

十年虎患甚横傷人至三四十餘前灣潘姓謀設虎圈各鄉亦倣爲之虎有入圈死者其患始息

十二年旱

十五年旱

十六年大旱邑令陳加儒請賑（詳災賑）

二十年旱

二十四年大水

二十七年旱

二十九年大水

三十二年大水

三十七年旱

三十八年大旱

四十二年旱

四十四年旱

四十六年大旱

四十八年五月十八日大水漂没田地甚多

五十年大旱

五十二年霜旱隕靛苧蕎麥豆俱無收

五十五年十二月二十五日陰氣凝結若霧若霰者三日著樹皆凍竹木多被折損殆漢志所謂木介者也

五十八年五月二十日大水

嘉慶五年四五兩月疫痢六月大水田廬損壞不少邑令朱蓮請賑（詳災賑）

七年旱

八年旱

九年旱

十年大旱邑令王愷請賑（詳災賑）

十二年旱

十四年三月大風雹

十六年大旱邑令楊雲士請賑詳災賑

二十年九月二十一夜二更地震

二十一年大旱邑令嚴芝芳請賑詳災賑

二十五年大旱邑令劉以賓請賑詳災賑

道光元年旱蟲

七年大雹樹折瓦碎麥災

十年八月樊嶺吳宅俞源未刻微雨申酉戌三時大雨如注濱溪隄岸房屋盡被漂沒亥刻則晴明見月矣

十二年大旱邑令李興元請賑詳災賑

十四年大疫有合家死者古廟及戲臺下路亭中死者不計其數

東衢安鳳尤甚

十六年旱秋雹邑令黄維同請緩征詳災賑

二十五年大旱邑令李盤請賑詳災賑

咸豐元年旱蟲

六年六月彌月不雨七月雨雹

同治七年大旱邑令張兆基請賑詳災賑

九年六月大旱

十三年七月大水邑令許維崧請賑詳災賑

光緒元年大水邑令趙篤恩請賑詳災賑

三年五月六月大雨不絕田廬禾稼俱被損壞邑令皮樹棠請賑詳災賑

四年三月大風雹南鄉一帶樹析瓦碎

五年大旱

光緒六年迄二十年均大豐稔

光緒二十一年除夕縣城太平坊失火延燒數十家上至關岳廟止下至縣前坊橫街口止左至司前街萬壽宮前止燒燬一光亦縣城罕有之浩劫云

民國

民國三年大旱赤火炎炎八十餘日稻禾收成大歉穀價飛漲

七年久旱不雨至八月忽然大雷大雨大風者旬日遂起瘟疫流行全邑人民死於是疫者警所調查確數約五千六百餘人之多至九月杪疫始平

十年四月起西北萬山中有虎一隻額白身黑人民被其啣食者先後共計二十餘人之多至十一年春虎患始靖

十一年七月山洪暴發水患五次先後漂沒田廬無算沖坍橋樑二百餘處而大菜趙村張大山三坑口等村受災尤重邑令陳景元請賑詳災賑

十二年三月熱度增高幾至沸點大風驟起天空降雹大者如卵小者如荳積地盈尺凡油菜大小麥等類均被毀無存邑令陳景元電省請賑詳災賑

（清）張皇輔修　（清）錢喜選纂

【康熙】青田縣志

清康熙二十五年（1686）刻本

青田縣志卷之十一

知縣上黨張皇輔修

教諭餘杭錢喜選輯

邑舉人徐上成　林人傑較

雜志

春秋災異必書蓋感應於天人相與之際此與小雅正月諸詩何異邑有兵戎大事民之存亡於是乎在宜謹書潮汐候二氣往來故亦書子不語怪然有萃之對禹鑄九鼎圖神奸示民使不逢不若漢文坐

宣室問鬼神後儒借賈生對不傳釋老之教多迂怪皆類志於卷

災祥

唐

總章二年六月海溢水至縣治漂官民廬舍溺死人口無算

顯慶元年九月水

神功元年大水坊郭廬舍蕩盡

宋

紹興十三年八月大水溺死三千餘人

乾道元年八月海溢水至縣治溺死者衆九月旱

元

大德九年六月水

明

永樂十八年水

成化十九年水

嘉靖五年旱溪流幾涸

嘉靖十一年大水七月二十八日大雨溪水暴溢十餘丈漂流數百家

嘉靖二十四年大饑

嘉靖四十二年大水蛟出十一十二等都地方大雨山裂水漲衝壞田地三十三頃四十餘畝溺死男女三百二十三口漂沒房屋七百五十二所

隆慶三年七月大水傷官民田地五頃餘

隆慶六年六月七月大水時龍風暴雨交作水漲衝壞田地四頃有奇

萬曆二年六月大水大雨溪水暴漲衝壞田廬

萬曆三十七年八月大水洪水暴溢二十餘丈城內衝衢行舟敢溺漂蕩民居殆盡

崇禎九年七月天鼓鳴山溢洪水有物怪見十四都天原地方高山湧出二物形如牛水溢壞民居

崇禎十年大饑民相率入山掘蕨根爲食掘盡得白湋泥和糯米粉一半蒸食之得以療饑因名觀音粉

國朝

順治七年糴貴以秋穀不登夏無麥斗米直銀六錢民多饑餓流亡

康熙十四年八月大雨七日山崩水湧山崩衝壞廬舍民壓溺死者無數砍田竟爲石坑不能復墾是時邑陷於閩寇

明

永樂庚子鶴大集青田號鶴城舊以鶴爲鸞是秋一榜本邑中式十六人自後鶴至必得科名

成化乙巳春竹生米是歲民艱食山中諸竹皆生米採之療饑世傳爲竹瑞

國朝

康熙二十年春天雨荳或赤或黃如綠荳大堅不可食種之不生自是連歲豐稔知爲祥占

大事

唐

中和元年遂昌賊盧約攻陷處州及青田等縣刺史施史君破約誅之

宋

宣和三年方臘陷處州尋攻青田縣燒燬縣治儒學官民廬舍殆盡童貫等合兵擊之韓世忠擒臘誅之餘黨悉平

元

至正十三年吳城七作亂寇青田縣境義勇徐伯龍季珍戰死總制孫炎胡深率兵平之

明

洪武十四年處州并溫衢三府山寇吳達三葉丁香等亂焚掠青田延安侯唐勝宗都督僉事張德討平

之吴淦三青田八都人

正統十四年青田亡賴聚衆劫掠兵部尚書孫原貞都御史陳詔討平之柔遠鄉民聚衆攻劫沐溪綠草白磐大濟等鄉所在皆爲賊巢事聞命原貞勦平復命諸格撫餘寇散各縣者詔青田人習知要害乃屯丁壯據險以守大溪屯金水小溪屯白巖水陸有備賊不敢犯又遣耆老葉子雲李存餘遍至賊巢諭以禍福衆皆感悟遂平民避難既城者至是皆歸復焉

景泰三年初奏立雲和宣平景寧三縣守臣兵部尚書孫原貞以山寇之亂由各鄉僻遠難治請析麗水之浮雲鄉置雲和縣宣慈鄉置宣平縣青田之柔遠鄉置景寧縣詔從之

嘉靖二十四年夏四月倭寇突入青田縣境未幾又踵故道來官兵敗績百戶張澄死之

嘉靖三十七年夏四月倭寇自永嘉猝至青田圍城燒燬劫掠旬日而去

國朝

順治八年邑東南各鄉皆賊出沒金華馬鎮師提師從十都船寮地方入山搜勦數月空其巢穴羣盜悉平

康熙四年邑民以荒絶田稅控郡本郡推官張見龍

申請各院上

聞康熙六年奉

旨蠲豁積荒田錢糧四千九百餘兩詳貢賦志有碑記

康熙十年浙江巡撫范承謨至邑踏勘無徵荒遁田

畝疏請蠲豁奉

旨又免無徵荒遁田錢糧七百八十餘兩詳貢賦志

康熙十三年四月閩寇至羣盜皆起五月廿九日圍

城攻七晝夜不克時旣梧郡城俱陷邑不能守民男

婦走竄各鄉死亡離散殆盡康熙十五年十月

王師臨栝賊敗走據溫州邑始恢復尋以大兵退駐處
州郡治邑再陷於寇復被殺掠康熙十六年閩孽擊
降既栝賊黨以次蕩平計邑經亂四載丁壯殺傷子
女被掠屋毀田廢戶口亡什之七

潮汐 甌江潮候最信舟行自邑之甌必候潮退自甌之邑必候潮長非隨潮不能上下

初一日初二日十四日十五日十六日十七日廿九
日三十日寅申時長巳亥時平
初三日初四日十八日十九日卯酉時長子午時平
初五日初六日初七日二十日廿一日廿二日辰戌

時長丑未時平

初八日初九日廿三日廿四日巳亥時長寅申時平

初十日十一日廿五日廿六日子午時長卯酉時平

十二日十三日廿七日廿八日丑未時長辰戌時平

【光緒】青田縣志

（清）雷銑修　（清）王棻纂

清光緒二年（1876）刻本

災祥

唐

總章二年六月海溢水至縣治漂官民廬舍溺死人口無算

顯慶元年九月水

神功元年大水坊郭廬舍蕩盡

五代晉天福二年饑見蔣存誠清溪博濟侯遺記

宋

紹興十三年八月大水溺死三千餘人

乾道元年八月海溢水至縣治溺死者衆九月旱

淳熙元年饑宋史五行志

元

大德九年六月水

至正十六年大旱元史五行志

明

洪武十二年五月戊子霪雨山水大發沒縣治壞民居浙江通志

永樂十八年水

鶴大集青田號鶴城舊以鶴爲瑞是秋一榜本邑中式十六人自

後鶴至必得科名

成化十九年水

二十一年春竹生米是歲民艱食山中箬竹皆生米採之療饑世傳爲竹瑞

嘉靖五年旱溪流幾絕

十一年大水七月二十八日大雨溪水暴溢十餘丈漂流數百家

二十四年大饑

四十二年大水蛟出十一十二等都地方大雨山裂水漲衝壞田地三十三頃四十餘畝溺死男女三百二十三口漂沒房屋七百五十二所

隆慶三年七月大水傷官民田地五頃餘

六年六月七月大水時龍風暴雨交作水漲衝壞田地四頃有奇

萬歷二年六月大水溪水暴漲衝壞田廬

三十七年八月大水洪水暴溢二十餘丈城內街衢行舟救溺漂蕩民居殆盡

崇禎九年七月天鼓鳴山溢洪水有物怪見十四都大原地方高山湧出二物形如牛水溢壞民居

十年大饑民相率入山掘蕨根爲食掘盡得白墡泥和稴米粉一半蒸食之得以療饑因名觀音粉

國朝

順治七年夏無麥秋無禾斗米直銀六錢民多飢餒流亡

康熙十四年八月大雨七日山崩水湧山崩衝壞廬舍民壓溺死者無數腴田竟爲石坑不能復墾是時邑陷於閩寇

二十年春雨豆或赤或黃如綠豆大堅不可食種之不生自是連歲豐稔知爲祥占

二十五年閏四月二十六日大水高故岸二十餘丈凡宮縣治祠廟民舍悉漂入海上流男女樓居者連屋浮下尚攀屋號呼燈熒熒未滅隨奔濤逝沒無論橋梁道路田畝盪毀殆盡即山川谿谷崩徙易面不可復識矣其戶口隕溺流亡尤不勝計蔬穀雞犬無遺種焉見康熙志續記

乾隆四十四年十二月城中大火

嘉慶十七年饑七月大水城西門外廬舍淹沒殆盡

二十四年閏四月二十四日城中大火延燒幾二百家

二十五年六月大旱饑

道光二年五月大水饑

九年八月二十七日大水山崩川溢十一十二諸都田廬漂沒無算奉文豁免田糧

十一年大水饑

十二年八月大水

十三年饑

十四年大旱饑斗米錢六百食鹽斤錢百民食穮秕草根瓜麻葉採擷略盡已而大疫死者什二三戶口驟減

十五年大旱三月奉文賑䘏

二十六年四月芝溪大雨雹無麥六月旱七月大水

三十年六月大水

咸豐三年六月大雨十晝夜山崩水涌漂没田廬無算嶺頭山崩壓民居拌心亦槷溢人多溺死前數日地震如雷日夜不絕雞犬不鳴者月餘

四年三月大雨雹無麥
同治五年九月十四日地震
十年二月大雨雹
十三年三月雨豆
光緒元年六月有菊黃華

【康熙】縉雲縣志

(清)曹懋極纂修

抄本

祥異

聖王之世不言灾祥麟鳳等於圖象熒惑即以退舍然君子謂天人相感之理必有徵應則可藉之以凝祉脩省乎此尚書所以紀彝雉春秋所以書螽雹也若潁川之鳳漁陽之麦與其蝗不入境虎自投斃是在東治者慎所以感之哉志祥異

少微星隋開皇間處士星見因置處州按天文志云處士者少微第一星也少微星明則賢士進

旱禾再稔宋咸平六年八月旱禾再稔郡守楊文公億上表稱賀云多稼竝熟所謂有年嘉穀再登斯為上瑞

雨米元元貞二年天雨米黑色可飯

宋宣和三年火官民廬舍燬盡 嘉熙四年大饑

元至正十三年火 至正十七年大旱 至正十八年火

明正統三年大饑　正統八年饑　正統十四年五
月隕霜是年宣慈寇陳鑑胡肆掠焚鄉邑官民廬舍殆盡　景泰七年大旱
天順二年火三月十五日雷火焚仙都獨峯頂七日不息　成化十三年
秋大旱　成化十九年大雪一夜深五尺餘　弘治四年旱
弘治十三年正月雨雹大如鷄子碎屋瓦多　弘治十八年八
月地震　正德三年大旱五月至十月不雨飢死甚衆　正德五
年旱　正德十年大雹三月十六日四月初一日凡二次　嘉靖元
年至四年禾皆白漂斗米百錢　嘉靖五年大旱　嘉靖

八年八月大水田廬漂没溺死者甚衆　嘉靖十九年蝗　六月火焚邑民居數百　嘉靖二十三年火　嘉靖二十四年大飢無麥　嘉靖二十六年大焚民居數百家　嘉靖二十七年大水舟至縣門渰没民居大半　嘉靖二十八年大水漂蕩田禾廬舍　嘉靖三十四年正月大雪積十四日深丈餘　隆慶三年七月大水　萬曆十七年大水　萬曆二十七年七月大水　萬曆二十九七月大風一晝夜　萬曆三十九年七月大水　天啓七年五月大水田地災傷

者多

崇禎元年三月二十三日大霜　崇禎三年四月二日大霜　崇禎四年八月二十四日大霜　崇禎七年八月十三日大水比天啓七年災傷更慘

崇禎十七年大水民店漂没

順治四年四月大雨雹大者如碗菜菓禾麥俱盡凌霄塔頂為龍所毁

順治乙未年大旱　五月至八月不雨大飢民食蕨榆

皇恩蠲免

康熙九年十二月大雪積至六尺餘
康熙十年大旱六月至九月不雨蝗虫食稻幾盡蒙
皇恩蠲免

【光緒】縉雲縣志

（清）何乃容、葛華修　（清）潘樹棠纂

清光緒七年（1881）刻本

災祥

洪範庶徵一曰休徵又曰咎徵與五事相表裡所以致修省也震卦之大象云君子以恐懼修省箕子之言又與易相表裡震以恐致福庶其在茲

宋

至道二年處州稻再熟

宣和三年火官民廬舍燒盡

嘉熙四年大饑

元

至正十三年火廬舍皆焚　十七年大旱　十八年火

廬舍皆盡

明

正統三年大饑　八年大饑　十四年五月隕霜是年

宣慈鄉陳鑑胡作亂焚掠鄉邑官民廬舍殆盡

景泰七年大旱

天順二年三月雷火焚仙都獨峯頂七日不息遥見一

人著縞衣徘徊其上久之凌空而去

成化十三年秋大旱　十九年大雪一夜深五尺餘

宏治四年旱　十三年正月雨雹大如鷄子屋瓦皆碎

十八年八月地震

正德三年大旱五月至十月不雨饑死甚衆　五年旱

十年大雹三月十六日閏月初一日凡二次

嘉靖元年至四年禾皆白漂斗米百錢　五年大旱

八年八月大水漂沒田廬溺死甚衆　十九年蝗六月火焚邑民居數百家　二十三年火　二十四年大旱無麥饑死甚衆　二十六年火焚民居數百家　二十七年大水舟至縣門渰沒民居大半　二十八年大水漂蕩田禾廬舍　三十四年正月大雪積十四日深丈餘

隆慶三年七月大水渰沒廬舍

萬歷五年九月彗星見西南方犯斗度至十二月乃滅

十七年大水　二十七年七月大水　二十九年七

月大風一晝夜　三十九年七月大水

天啟七年五月大水田地災傷

崇禎元年三月大霜　三年四月大霜　四年八月又

大霜　七年八月大水比天啟七年災傷更慘　十

七年大水民居漂沒

國朝

順治四年四月大雨雹大者如椀屋瓦盡壞菜菓禾麥

俱盡六日大風雨凌霄塔院頂龍毀又壞石牌坊一

一座

康熙十一年三月火發自城中延燒縣治恍有黧面人從空中放火衙丁捕之不見　十三年邑遭闖亂至十六年連受兵荒　十七年大旱禾傷　十八年蝗　十九年二十年旱　四十一年秋禾被災　四十三年秋禾災　五十八年旱

雍正十三年六月山水冲發田禾被淹

乾隆五年大水豁免冲壓田地　十六年饑

嘉慶元年正月初旬雨木冰樹折麥苗黃腐越數日和煦草木榮麥大熟　五年六月二十三日大水淹廬

舍壞橋梁豁免沖壓田地　六年七月十五日大水
十二年七月十二日大雨雹二十八都間沒禾黍以
其氣臚堂靜岳穀落禽饗
十五年十月十五日地震　十六年大旱　二十四
年九月地震　二十五年三月初五日大雨雹臚堂
靜岳間麥畦為平夏秋大旱
道光元年大有年　五年正月大雪平地深四五尺
十年小旱　十一年春米價騰貴斗米直錢七百自
夏徂秋蟲蝕松毛殆盡　十二年大旱餓死無算道
殣相望　十四年春大疫死者萬餘人六月二十八

日大水平地如潮墓山盤跡多至不能數漂蕩田禾廬舍二十六都下魯莊外有石矗立大近百圍高約十丈名飯甑巖下有祈雨殿山既裂巖與殿移低凹處立原位陷穴廣數畝殿前田千餘皆併壑陵谷變遷殆亦古所希聞　十五年大旱自五月至八月不雨　二十一年春三月大雨雹大者如椀頃刻溝渠皆滿屋瓦盡裂禾麥菜菓偃敗無收　二十二年箬竹生花紫色結實如麥可食其竹盡枯　二十五年冬大寒樟柏枯死逾一年始生萌蘖　二十六年大旱　二十八年七月十八日大風拔木偃禾十一月初十日

辰時地震　三十年庚戌六月朔有物墜東南方大數圍色白有聲如雷至地不見

咸豐元年辛亥春地震秋又震　四年甲寅東鄉廿五六等都塘水沸騰高尺餘踰時方止　七年丁巳七月大水平地深二丈許壞繼義橋所過廬舍堰壩盡圮　八年戊午秋夏彗星見於西方　十一年夏彗星見於斗旁

同治五年丙寅夏六月地震　十三年甲戌沈宅孔氏宅雨鐵又雨錫拾之無異

【康熙】遂昌縣志

（清）繆之弼修　（清）程定纂

清康熙五十一年（1712）刻本

宋

祥異

嘉定癸未夏有蓮呈瑞一柄雙華秋藂藂藂有二本
發十八莖莖生八九穗時司馬掀與邑紳李纂能有
仁愛及民故和氣嚮應

靖國元年壽光宮殿西柱生靈芝九莖連藂簇如粟

明

崇禎五年冬天雨粟形如黑黍惟西鄉遂三衢有之

崇禎六年七月六日午時五色祥雲見西北方

崇禎九年儒學教諭廳前地產紫色靈芝一株時舉
人陳士瓚在任次年丁丑登進士

災眚 舊志可考

宋

嘉熙四年旱

寶祐五年旱

咸淳十年旱

元

延祐元年饑

泰定二年饑

至正十年饑

至正十六年饑

明

洪武九年饑

洪武十七年大水壞民居田地

正統三年大旱

成化九年旱

成化十九年大水壞民居田地

正德三年大旱民食木草實

嘉靖十年地震大雪積深丈餘

正德十[illegible]

正德十六年[illegible]

嘉靖四年大水

嘉靖六年大水二溪並出壞橋梁民居溺者甚衆

嘉靖十四年正月朔大雪凡四晝夜

嘉靖十五年閏十二月大雷雹陰霾十餘日

嘉靖二十九年大旱

嘉靖三十四年八月九日夜月下有黑氣滿邊

嘉靖四十三年大水橋堰悉壞

嘉靖四十四年冬雷電大雨雹

隆慶二年大水驟出壞田廬

萬曆三年大旱艱食

萬曆五年彗星見西南方其形如帚光芒燭天月餘乃滅

萬曆十六年大旱荒疫

萬曆二十六旱荒

萬曆三十年冬夜地震有聲自北而南民皆驚愕

萬曆三十二年十一月地震

萬曆三十七年大水田禾漂沒

萬曆四十四年正月二日大雪四晝夜

萬曆四十六年東方昽星白氣上衝數丈月餘始息

萬曆四十八年秋有星如偃月刀二更出自東方天昽乃沒如是三月

天啟五年七月二日夜有大星流自西流入東尾長二十餘丈光芒如明月須臾有聲如雷是月每夜流星如織

天啟七年八月大火南隅積慶鋪延東北縣門左右

崇禎元年春三月隕霜殺麥夏蝗

崇禎四年十二月大雨雹

崇禎五年旱自七月至次年二月不雨蔬不熟多病疫

崇禎六年秋八月隕霜歲大歉

崇禎七年六月雨沒田禾

崇禎八年五月大水田禾漂沒橋堰盡壞田主額存

崇禎九年大饑穀價騰貴每觔至銀壹分貳厘

崇禎十四年大饑穀價與九年仝

崇禎十五年大饑六月初九日水災異常東北鄉田園廬舍漂流殆盡

順治四年西鄉民生一子眼圓而多白口闊有牙而遼遍體青黑大倍凡兒溺之水自躍出乃捶斃而瘞之

順治六年西鄉民生三歲子死已埋園中雷擊而起取歸養之有隙者危之云此雷震子也不聞于官當有罪民懼而後斃之

順治七年六月大水漂沒土田道路無算

順治八年大饑穀價騰至二分五厘一斤

順治十年閏六月大火南隅火起延北隅城山岑頭縣前一帶至五馬坊下止

順治十六年六月大火南隅石橋頭起至東嶽殿口止

康熙五年大旱

康熙八年火東嶽殿口起至縣前新街止

康熙九年大雪十二月十六日起二十一日止積至五尺有奇

康熙十年大旱

康熙十九年大旱

康熙二十四年八月西方彗星現白氣如練長數十丈至五更散

康熙二十五年大水閏四月二十四日夜大雨起至二十七日止四晝夜傾盤不絕自西門起至南關東關一帶漂沒廬舍無算淹死男女甚衆四鄉衝壞田地不可聽計一應大小石橋木梁俱沒

康熙二十八年大旱自五月至十二月絕無大雨滴

井泉皆涸是年天妃宮火

康熙三十一年火東隅火衕起至縣前犧衕止

康熙三十六年大旱

康熙四十年火金印山趣上至東嶽殿下至縣前新衕止

康熙四十一年大旱

康熙四十八年四月初七日雨天花有形無踪是年壽光宮火又南隅攀桂坊延燒店面三十餘間

康熙五十一年七月二十二連日淋漓六都山水陡

漲至新路坡數十餘里一帶地方零星漂沒田禾八十餘畝衝去橋梁一十三座其窪下處推去寮蓬五所家物爲有獨盧于成一寮男婦五人不知避胥及溺焉

遂昌縣志卷之十終

【光緒】遂昌縣志

（清）胡壽海、史恩緯修　（清）褚成允纂

清光緒二十二年（1896）尊經閣刻本

知縣清河胡壽海
史恩緯重修

災祥

左氏曰陰陽之事非吉凶所生而休徵咎徵洪範言之鑿鑿保章氏志日月星辰之變水旱蟲蝝春秋必書譏以豐凶災祲民事所關君子修德盡人事以格天心如斯而已

宋

嘉定癸未夏有禾發十八莖莖生八九穗並蒂蓮生時司馬擬典邑仁愛及民

靖國元年壽光宮靈芝生九莖連葉色如栗

元

至正庚戌晝有大聲如鐘自天而下無形鼓妖也次年縣中官民俱災見草木子

明

嘉靖八年大水二蛟並出壞橋堰民居溺者甚眾

天啟五年七月二日夜有大星自西流入東尾長二十餘丈光芒如月須臾有聲如雷是月每夜流星如織不絕

崇禎五年冬天雨粟形如黑黍惟西鄉近三縣有之

六年七月六日午時五色雲見西北方

九年教諭廳前紫色靈芝生時教諭爲陳士璜次年丁丑登進士第

國朝

康熙四十八年四月七日天雨花有形無跡是年壽光宮火

雍正七年泮池產並蒂蓮

十三年明倫堂階下紫色靈芝生

嘉慶五年六月二十三日大水平地數尺壞田廬無算二十五日戌時雷電交作大雨川原出蛟山崩水湧臨谿民舍盡漂没東西鄉爲尤甚二十七日北鄉陡發水前後漂没數千人經大吏奏請賑恤

咸豐四年七月大水初三至初七日暴風猛雨山水驟發田廬漂没不可勝記

八年彗星見西北方

十年三月彗星見東北方

同治元年彗星見西方

九年天雨黍形小似穀剖之有仁甘可食

光緒七年彗星見東北方

八年長星見東南方形如匹練

十二年七月大水山水陡發出蛟壞田畝以千計長濂尤甚有巨山崩裂深不見底

(明)沈維龍纂修 (明)汪獻忠增補 (明)楊芝瑞再增補

【崇禎】慶元縣志

明萬曆五年(1577)刻四十六年(1618)增刻崇禎十五年(1642)再增刻本

紀變

元至元十五年政和寇黃花作亂燬縣治刼掠而去

皇明正統庚申歲大饑民兢採山蕨食之榖一担至值九錢市中絶糴

正統己巳山寇龍閩九等各以鏡數十面懸身臨陣耀日人莫與戰縣治時無城郭民竄山谷中賊襲取之一日升堂者三四方無與援者及去縱火公署民居為之

一空適渠魁陳簡鬍冦郡賊往投之疑
其間邪納復歸平之
成化丙戌歲大饑
嘉靖九年八月大霜嚴凝禾苗盡枯
嘉靖十九年夏旱二月餘
嘉靖二十四年山賊吳仝姑號八先生嘯聚鄉
邑擄掠財物所至風靡越慶往掠松溪
泉坑復至竹口蓬塘知縣陳澤率兵平
之先鋒吳元儀挺身獨前斬賊首數顆
援兵不及力戰而亡陳錄其功立祠竹

口扁曰義勇

嘉靖二十八年大饑

嘉靖三十一年五月大旱苗稿甚民皆徬徨

嘉靖三十四年歲饑

嘉靖三十五年大風震撼頹墻摧全林木盡拔

嘉靖三十七年妖自福建政和来名曰白馬精氣如硫黄熖硝中其氣者即昏曬仆地婦人尤甚焉槩邑鑼鼓聲振數以椰條插户竹葉懸門老幼擁坐達旦後迎拱瑞堂五顯神鎮之旬日妖始潜蹤滅

嘉靖四十年廣賊二千餘越福建松溪直抵竹口時邑侯馬汝傒防禦嚴密賊衆聞之遂往龍泉縣大肆刼掠而去

嘉靖四十一年八月山賊劉大眼劉日晉梅卒等千餘徒越竹口掠政和後山時縣丞黄德與視篆率舉溪栗洋鄉兵擁戰斬首千餘級賊勢將潰適邏賊歸從旁夾攻民兵少却遂莫能支敗北而還殺傷甚衆義士吴得中吴鳳鳴吴龕等皆歿于敵中子豐訴當道下撫卜地立祠祀

焉希曰皆義

嘉靖四十一年十二月海寇數千破政和復攻松溪山寇劉大眼等竟慶無備乘勢長驅直至巢東隅後因時訓導吳從周視篆率居民固守合邑驚惶不數日兵憲陳公慶令把總桂波率千總李承德統兵七百來援開門納之相與兵守賊攻七日失利燬民居而去

隆慶二年十月初三日大火自街西延及街北居房燒燬過半

隆慶四年七月十二日大雨集一晝夜河水湧入
城中市皆乘桴往來田土被决甚多塔
院門賢役坊因漂沒焉

嘉靖四十一年十月山賊劉大眼等掠二都底
墅左溪

萬曆元年七月十六日夜西方虹見三見而三
沒大風交作

萬曆二年八月地震有聲

萬曆三年五月大饑民將絶粒爭取山蕨藤生
邑侯沈維龍發倉賑之民賴以生

紀異

宋乾德五年劉宗機應舉憂住屋被水漂沒忽變池塘內開荷七朵蜘蛛牽絲又有鸞引六子中之占者以為有七代國師之祥太祖亦應舉人名宗機者手擎荷花入朝即對宗機以殿內侍郎後果封為國師至大觀孫劉知新狀元及第子孫貴顯有如所夢

皇明嘉靖三十七年二月城北芙蓉盛開

隆慶二年七月十二日縣前井水忽變其色[illegible]

如練頃又加龍三日乃復清次年遷學

其地亦一驗也

萬曆二年秋虎入城市

萬曆三年冬八都椎鴨變雄

【光緒】慶元縣志

（清）林步瀛、史恩緯修　（清）史恩緒纂

清光緒三年（1877）刻本

慶元縣志卷之十一

知慶元縣事林步瀛
史恩緯重修

雜事志

祥異　仙釋　寺觀　庵堂　叢記

八政九功前卷分識其大矣然春秋有災必書洪範休咎並列史家亦不廢災祥之說至若方外浮屠雖爲君子所擯而琳宮梵宇相沿已久不忍遽湮故與畸人奇蹟事堪考鑒者並附於末志雜事

祥異

邑志災異猶史書五行和氣致祥乖氣致異天人相應之機有較然不可誣者人能恐懼脩省以囘天變則大爲國徵小爲家兆悉可轉禍爲福悔無咎矣

明

永樂十四年秋七月大水

成化三年夏六月地震　秋八月大雨雹

嘉靖九年夏六月大霜殺禾

三十年丙辰白馬精見

精自政和來氣如硫黃中者卽昏仆婦人尤甚閭邑驚惶達旦後迎五顯神懸之旬日乃减

萬歷二年甲戌地大震官舍民居傾頹

三年乙亥大饑

是歲五月民間絕粒野多餓死知縣沈維龍發倉賑之民困始甦

冬十月八都雄鷄變雌

十六年戊子夏四月朔大水

衝壞北城七十三丈民居漂没人多溺死

國朝

順治五年戊子九月天晝晦不辨行人

冬十二月羣虎食人

六年巳丑大饑

十二年乙未大饑

民多餓死知縣石璧垣先賑粥五日邑中樂施者

輪日煮粥於塔院

十七年庚子夏五月颶風發北壇樹木盡拔

十八年辛丑夏五月大水

冬十　月虎食人署縣事同知田嘉脩禳之去

康熙五年丙午秋九月地震

九年庚戌羣虎食人知縣程維伊禱於城隍廟虎遂

遁跡

十年辛亥夏五月大旱青虫食苗知縣程維伊詳請

蠲免事見蠲䘏

二十五年丙寅夏四月朔大水

衡塲西城數十丈

三十四年乙亥冬地震

三十六年丁丑饑

四十八年巳丑夏五月大水

五十九年庚子夏五月大水

雍正二年甲辰夏五月大水

十年壬子夏六月禾生黑蠅

乾隆元年丙辰秋七月大水

三年戊午秋七月大旱青虫食苗

七年壬戌虎食人知縣鄒儒命射戸捕殺患始息

十三年戊辰夏四月大水

十八年癸酉大饑

十九年甲戌夏四月地震

二十一年丙子夏四月大水

二十五年庚辰夏五月大水

二十六年辛巳冬十一月羣虎食人署典史陳子佳
募强弩射之獲虎三

二十九年甲申春二月大水雹

三十二年丁亥夏五月大水西隅民屋沉溺

三十五年庚寅春正月丁酉彗星見戌戌火

延燒治前數十餘家狀元尚書兩坊並燬

三月大水

三十八年癸巳夏五月大水白馬山崩

三十九年甲午冬雄鷄自斷其尾

四十五年庚子春三月大水　冬十一月大水

四十八年癸卯秋七月戊戌彗星見庚子火

延燒治前百餘家

四十九年甲辰大饑

夏五月大水西隅民屋沉溺

五十三年戊申夏四月大水

金溪水從西城衝入轉北城衝出壞西城七十餘丈北城二十丈淹塌西北隅民居溺死者數人

六十年乙卯夏四月蓋竹山崩

坍沒普化寺於隔溪山下死者四人

嘉慶四年庚申羣虎食人

六年辛酉羣虎復食人　夏六月青虫食苗

十二年丁卯夏六月大水雹　冬十月天鼓鳴

十三年戊辰夏五月大水　秋七月復大水城內

西北水深丈餘　九月地震

十四年己巳大饑

十九年甲戌冬十一月慧星見

二十二年丁丑饑

二十四年己卯虎入城

道光元年辛巳羣虎食人

二年壬午羣虎復聚知縣樂韶疏告城隍虎跡遂遁

十三年癸巳大饑發稟賑給　秋虫食苗

十四年甲午大饑發廩賑給死者甚衆

十五年乙未夏大旱

十八年戊戌夏大水

廿四年甲辰夏大水

廿八年戊申夏大水

咸豐二年壬子夏大水

三年癸丑秋大旱歲荒

十年庚申夏大旱

十一年辛酉四月大水　秋七月大水

同治元年壬戌七月大水

六年丁卯二月大雨雹傷麥　虎入城

七年戊辰五月大水　秋旱歲荒

八年己巳十二月大雪

十三年甲戌三月大水　地震

光緒元年乙亥正月大雨雹

二年丙子五月大水漂沒田廬

秋青虫食苗歲饑　東南鄉竹生米

【同治】雲和縣志

（清）伍承吉修　（清）涂冠續修　（清）王士鈖纂

清同治三年（1864）續修刻本

祥異

春秋記異不記祥誠以修省有權震恐致福人定亦可勝天也雲上下數百年間災祥互見志不絶書備述前聞截肇惟謹但使官斯土者以無事爲福以有年爲瑞禾穎麥歧豈必侈陳徵應哉

明

成化十九年六月大水日午雨如瀉夜分溪水高二丈瀏溪民廬漂沒

萬歷三十六年大水溪高數丈縣前浮雲街陷二里許壞民屋五百餘間三都盤鋪山崩壞民田廬歷傷男婦四十餘人

崇正十六年三月淸明午刻縣門鼓樓自火 十七年二月初七日某寺金剛動巳時起未時止僧驚眩

國朝

順治五年七月十七日大雨三晝夜不止三都東院下嶺淹死畬民四人

康熙二十年雨豆色黃赤堅不可食種之亦不生

二十五年四月大雨四晝夜水泛溢漂沒田廬男女溺死者無算　二十八年正月知縣林汪遠建學越月十餘年枯柏萌芽枝葉重翠　七月十五日午時火延燒民居百餘間　三十二年大水成災知府劉廷璣捐賑有差

雍正十二年虎入縣署二次　十三年大饑

乾隆十五年饑每石米值銀四兩　二十八年十二月初五夜坊一街前火起延燒民居五十餘間　三十九年六月大雨二晝夜不止一二五並九都民廬漂沒無算七八都山崩壓傷男女四人　四

十一年三都五樹莊山裂數百丈　五十年四都
烏杜阬虎傷七人
嘉慶二年十二月十八日城隍神忽汗出境外雨雹
屋瓦皆碎雲獨無恙　十二年五月初六夜縣署
火　十三年四月二十三日八都民家有邪魅形
如猴知縣陳治策禱於城隍怪遂絕　十六年夏
旱　十七年大饑民食老鴉蒜友觀音粉斗米值
錢[illegible]百　二十五年大旱成災民食草木秋七月
二十三日大水壞民田禾盡沒
道光元年春訓導王武錫重立康熙二十八年邑人

所刊瑞柏石及秋麇生魏文瀛鄉試中式是年大饑斗米值錢肆百　二年坊一西成坊火十二月大雪至明年春正月乃霽　四年大饑知縣李世榖按戶賑恤之　十三年冬大雪成災民凍餓流亡者不可勝數　十四年五月十五日大水沿溪田廬漂沒無算秋旱斗米值錢三百鹽一斤值錢一百　十五年大旱成災民食樹皮草根秋疫作道路積屍無算知縣李錫恩按戶賑恤之　十六年饑十二月十九夜七都高沇莊火延燒民屋八十餘間　二十三年夏雨雹大如斗小如拳樹物

與屋瓦俱損傷人畜甚衆　二十六年夏旱七月十四日大水七都右管瀨溪一帶田廬漂沒是年各處箬竹生米可食

咸豐二年九月初十夜有星大如斗自西墜東光如電閃有聲如雷須臾乃止　三年三月十六辰時地震是年七都長汀莊山裂二百餘丈　四年七月三都蘧鋪莊山崩壞民田數十畝八月八都周阬莊山崩壓死男婦三十七人　五年七月初十日大水成災各處山崩田廬漂沒者不可勝算一都大倉莊溺死者二十餘人三都花岱嶺莊溺死

六人